KOSÉ Beauty Book

コーセー ビューティー ブック

いつの時代も、
あなたらしい美しさを求めて

KADOKAWA

Prologue

広告は「時代を映す鏡」だといわれます。なかでも、その時代の女性の〝気分〟や〝美意識〟をもっとも的確に表現してきたのが化粧品の広告でした。

化粧品の広告の歴史は古く、紀元前２５００年くらいまでさかのぼることができるといわれています。エジプトで発見されたパピルスには、「この化粧品を使えばどんな老人でも若くなる。１００万回も実証ずみ」と書かれているとか。

美を追い求める気持ちは、生きる時代や国が違っても同じなのでしょう。化粧品の広告はそうした女性の願望を刺激し、同時に、反映する存在だったのです。

だからこそ、平成が終わり、新しい時代がはじまるこのタイミングで、化粧品の広告を通じて時代を振り返ってみたらおもしろいのではないか？ そんな発想から、本書の制作がスタートしました。

制作にあたってご協力をお願いしたのはコーセーです。

コーセーを選んだのは、ひとりの女性編集スタッフの体験がきっかけとなっています。どの化粧品メーカーにご依頼しようかと編集部で話をしているとき、彼女がこんなエピソードを語ってくれました。

「仕事で大きなミスをして落ち込んでいたとき、たまたま通りかかった表参道駅の通路で、10人の女性が登場するポスターが目に入ったんです。旬の女優さんたちのまっすぐ前を見つめる表情と、背中を押してくれるようなキャッチコピーに本当に救われました。いまでも仕事で心が折れそうになると、あのポスターを思い出します」

彼女が見たのは、２０１６年に発表された、コーセーの創業70周年を記念した企業広告でした。

コーセーの広告は、「商品がもたらす美しさと喜びを伝え、広告を見るすべての人を幸せな気持ちにしたい」という願いのもとつくられています。歴代のポスターはどれも、いま見ても新鮮で、共感を覚えるものばかり。本書ではそのなかから、１９９７年から２０１９年にかけて展開され、特に反響を呼んだものを厳選して紹介しています。

見れば一瞬にして、

「そうそう、あのころはこんなメイクがはやったんだよね！」

「イメージキャラクターの女優さんに憧れて、同じ色の口紅を買ったなあ……」

と、当時の記憶が鮮明によみがえるに違いありません。

イメージキャラクターの美しい表情や洗練されたキャッチコピーに、スキンケアやメイクの楽しみを再発見する人もいるでしょう。ふと開いたページから、きれいになる勇気や、前を向く希望をもらうこともあるかもしれません。

本書が、新しい時代も美しく、胸を張って生きる後押しになれば幸いです。

KADOKAWA

Contents

Staff List

Supervising Editor
竹内麻弓、平井祐未、青木 瞳
（コーセー宣伝部）

Design
細山田光宣＋木寺 梓　奥山志乃
（細山田デザイン事務所）

Illustration
田中麻里子

Proofreading
麦秋アートセンター
田中健一

Tape Transcription
ブラインドライターズ

Writing & Edit
小川裕子
宮本貴世

Planning & Edit
松浦美帆（KADOKAWA）

Chapter

1

Beyond beauty

「きれいの、その先にあるもの。」

２０１６年、**コーセーの創業70周年**を記念してつくられたポスターに目を奪われました。

日本を代表する**10人の女優&アーティスト**が勢ぞろい。

ポスターの前で足を止め、見入る女性たちの姿も印象に残っています。

ポスターに先駆けてオンエアされたテレビＣＭ「**Tokyo Seven Days**」も、各種メディアやＳＮＳで話題を呼びました。

70周年の広告はなぜあれほど評判となったのか。豪華な顔ぶれが目を惹いたのはもちろんのこと、年代も悩みも異なるけれど、自分らしく生きる女優&アーティストの姿が表現されていたからではないでしょうか。多くの女性が、女優&アーティストひとりひとりに「なりたい私」を重ね、勇気をもらったのです。

昨日のきれいは、自信。

今日のきれいは、勇気。

明日のきれいは、希望。

女性のきれいを応援し続けてきた、**コーセーの集大成**ともいえるポスターを紹介します。

にあるもの。
70th
KOSÉ
Anniversary
since 1946
※写真左から〈下段〉森高千里・上戸彩・小泉今日子・桐谷美玲〈上段〉藤井萩花・藤井夏恋・北川景子・新垣結衣・すみれ・ローラ
KOSÉ
www.kose.co.jp

当時のコーセーのイメージキャラクターが一堂に会したポスターは、まさに“美の競演”。「豪華すぎる」と大いに注目を集めました。

昨日のきれいは、自信。今日のきれいは、勇気。明日のきれいは、希望。
ひとりの女性のきれいが、ひとりの女性をしあわせにし、やがてそのしあわせは、まわりを笑顔で包み、未来をもかえていく。
この先も、コーセーは、女性のきれいとともに歩んでいきたい。「きれいの、その先にあるもの」を、一緒に探しながら。

コーセーは、この春、創業70周年を迎えました。

※『世界フィギュアスケート選手権2016』番組内にて、コーセー企業CM「きれいの、その先にあるもの。」を放映いたします。

ESPRIQUE　ESPRIQUE Éclat　ASTABLANC　雪肌精　肌極《はだきわみ》　白澄　Visée　FASIO　ELSIA　Nature&Co　SportsBeauty UVWEAR

Yui Aragaki

新垣結衣

KOSÉ
ホントの自分は、意外と自分で見つけにくい。
だから——とにかく、やってみる。
思いを込めて、一歩一歩進んでいく。
「ちょっぴり不安。でも楽しい。今のわたし。」
一歩進んだその先で、ホントの自分に出会えたとき、
わたしは、わたしを、どんな笑顔で迎えるのかな。
「ちょっぴり不安。
でも楽しい。今のわたし。」
きれいの、その先にあるもの。
新垣結衣

不安も、いまの自分も
等身大で楽しむ

少しはにかむような新垣結衣さんの笑顔に、男性だけでなく女性もほれぼれ。「不安はありながらも、自分探しを楽しんでいる」という新垣さんの素直な告白は、ときに傷つき、迷いながらも、懸命に自分と向き合う女性の共感を誘いました。

Aya Ueto

上戸彩

KOSÉ
「断然、恋派でした。」って言いきれます、わたし。
正直、愛って、なんだか大きすぎて。
だけどね、じんわりきました。愛ってやつは。
「恋より愛よ、って最近言えている自分が好き。」
恋は、突然やってくる。愛は、知らないうちにそこにいる。
そんな感じ。ほんとよ。
恋より愛だなぁ、ってつぶやいたとき
なぜだかとっても嬉しかったんだ。これで、明日もいける、って。
「恋より愛よ、って
最近言えている自分が好き。」
きれいの、その先にあるもの。
上戸彩

愛を知る女性の
包容力ある美しさ

かつての元気いっぱいのイメージから、美しい大人の女性へと変身を遂げた上戸彩さんが語るのは「恋」と「愛」について。「恋よりも愛」といい切る上戸さんのポスターは、誰かを大切に想う尊さ、そして幸せを、改めて教えてくれました。

ROLA

ローラ

KOSÉ
喜ぶとき、喜ぶ。頑張るとき、頑張る。
泣きたいとき、泣く。笑うとき、笑う。
「もっと自由に生きてみる。
もっと自分を好きになる。」
わたしも、あなたも、みんなも—
できないことなんて、きっとないから。
「もっと自由に生きてみる。
もっと自分を好きになる。」
きれいの、その先にあるもの。
ローラ

美しさを支えるのは
自分に嘘をつかない強さ

まっすぐな視線と媚びない表情が、ドキッとするほど美しいローラさん。「もっと自由に生きてみる。もっと自分を好きになる。」というメッセージはローラさんの生き方そのものであり、同時に、自分らしくいたいと願う人へのエールでもあります。

Mirei Kiritani

桐谷美玲

KOSÉ
目標を立てるのが好き。
目標に向かって走る。そのゴールテープを切る。
もう、次の目標に向かって走り始める自分がいる。
「憧れの人は、明日のわたし、って言えるまで走り続ける。」
明日の自分の背中が見えたとき――
そのときわたしは、どう思うのかな。どう走るのかな。
それが、本当に楽しみ。
だからわたし、今日も明日も明後日も、走り続ける。
「憧れの人は、明日のわたし、っ
言えるまで走り続ける。」
きれいの、その先にあるもの。
桐谷美玲

自分にも目標にも
まっすぐ向き合う

憧れの人は明日の「わたし」――。そういえるまで、目標に向かって走り続けると宣言する桐谷美玲さんのポスターに、「自分もがんばろう！」と背中を押された人も多いのでは？　秘めた決意がにじみ出るような、強いまなざしも印象的です。

Kyoko Koizumi

小泉今日子

KOSÉ
確かに、いろんなことやってきたと思う。
古い服を捨てて、新しい何かをやるたびに、驚かれたり、とまどわれたり。
自信なんて、今もない。
でも──
だから、続けられるのよね。不思議なことに。
いつまでも、ドキドキしながら。鏡に向かって「よし、頑張るぞ！」って。
「自信なんて、今もない。だから、続けられるの。」
「自信なんて、今もない。
だから、続けられるの。」
きれいの、その先にあるもの。
小泉今日子

年を重ねるほど きれいが増していく

女優として第一線で活躍する小泉今日子さんの「自信なんて、今もない。」というセリフに、「励まされた」「キョンキョンがいつまでも若々しい理由がわかった気がする」という人が続出。多くの女性が「こんな風に年を重ねたい」と憧れました。

Sumire

すみれ

つらい経験も
美しさの糧に変えていく

誰にだってつらいことや悲しいことはある。でも、きっと乗り越えていける——。そう教えてくれたのがすみれさんのポスターです。「大丈夫だよ」と語りかけるようなすみれさんの笑顔に、力づけられる女性も多かったようです。

Chisato Moritaka

森高千里

KOSÉ
目指す場所も分からないまま、必死に毎日を過ごしていた。
余裕なんてなかった。
全部がチャレンジなんだ、と思うようになれた頃、
やっと、しっかり、いろんなことに向き合うことができた。
「行きづまることもあるけど、そんなときこそ、楽しむ。」
嫌なことは、夜眠ったらリセットかな。
だから今、楽しくいられる。
「行きづまることもあるけど、
そんなときこそ、楽しむ。」
きれいの、その先にあるもの。
森高千里

日々を楽しむ余裕が
大人のかわいいをつくる

歌手としてだけでなくMC、雑誌連載などマルチに活躍する森高千里さん。いくつになっても輝いていられるのは、「行きづまったときこそ楽しむ」姿勢を貫いてきたから。その前向きなメッセージは、悩みや困難に立ち向かう人の心を強く打ちました。

Shuuka Fujii & Karen Fujii

藤井萩花 & 藤井夏恋

KOSÉ
知らない世界に憧れる。思いきって、踏み出す。
びっくりするくらいつらくって、びっくりするくらい楽しい。
「なんのために生まれてきたのかを、
ずっと、探し続けてる。」
そして、一度きりしかない人生で、
何度も生まれ変わった気持ちになれる。
なんのために生まれてきたんだろう、って自問自答を繰り返しながら、
でも、何度でも前を向ける。
「なんのために
生まれてきたのかを、
ずっと、探し続けてる。」
きれいの、その先にあるもの。
藤井萩花・藤井夏

人生と向き合う強さが きれいを後押しする

ファシオのイメージキャラクターを務めていた藤井萩花さん、藤井夏恋さんは姉妹で登場。「なんのために生まれてきたのか？」という問いへの答えを探しながらも、一度きりしかない人生を楽しむふたりの強さは、若い世代を大いに刺激しました。

Keiko Kitagawa

北川景子

あきらめない姿勢を
自分自身の誇りに

「女性のなりたい顔ナンバー1」といわれる北川景子さん。ポスターの自信に満ちた笑みと、「歩いていきたい。まっすぐに。わたしの歩幅で。」という凛としたメッセージに世代を問わず多くの女性が共感し、同時に勇気をもらいました。

Tokyo Seven Days

自分らしく、輝いて生きる

ROLA

Aya Ueto

Yui Aragaki

Sumire

Kyoko Koizumi

Mirei Kiritani

Keiko Kitagawa

Karen Fujii & ShuuKa Fujii

Chisato Moritaka

10人の豪華な出演者が
自分らしく生きる女性を応援

コーセーの創業70周年を記念した広告では、ポスターと同時にテレビCM「Tokyo Seven Days」もオンエアされました。

演出は、映画「青いパパイヤの香り」「シクロ」「ノルウェイの森」などを手がけ、その映像の美しさで知られるトラン・アン・ユン監督。10人の女優&アーティストが葛藤を抱えながらも自分らしく生きる女性にエールを送るCMは「まるで映画を観ているみたい」と称賛され、その人気ぶりに長尺編のスペシャルムービーも制作されたほど。CMソングに使用された「三代目 J SOUL BROTHERS from EXILE TRIBE」の「BRIGHT」も好評でした。

「美の賢者」からのスペシャルメッセージ

本書の発売を記念して、
ビューティー業界で活躍されている
３人の美の賢者に、
エッセイを書き下ろして
いただきました。
「きれいになるってどういうこと？」
「どうやったら美しくなれる？」
そのヒントが
きっと見つかるはずです。

齋藤薫さん

美容ジャーナリスト／エッセイスト

きれいの、その先にあるもの
……だから私たちは、このブランドについて行く

きれいになりたい。美しくなりたい。
誰もが願うこの気持ちを、どう形にしていくのか？
戸惑う私たちを、おそらく最も近くで、「こちらに来て」と導いてくれるのがコーセーではないかと思う。

なぜなら一つに、コーセーの〝ものづくり〟には常に愛情が感じられる。ラインナップの隅々にまで人をきれいにしたいという真摯な思いが感じられる。これは本能が強くそう感じるのだというほかないが、私たち女性にはわかるのだ。そのブランドが本気で人をきれいにしようとしているかどうかが……。

そして、日本の女性は何をすればより美しくなれるのか、それを誰よりもよく知っているのがここコーセーである気がする。日本人の美しさは〝気品ややさしさ、穏やかさ〟があってこそのもの、そこまでを踏まえて商品づくりをしてくれていて、だからスキンケア商品にまで、気品あるたおやかな女性の肌をつくろうという強い意志が感じられる。もっといえばコーセーの化粧品は、単に肌一枚だけではない、ましてやただ美しいだけではない、あくまでも人を魅了する美しさをもたらそうという気概に満ちているのだ。

たとえば「日本の誇り」ともいうべき〝日本一の化粧水〟、雪肌精……この逸品が、日本女性をどれだけ美しくしたか、それはもう計り知れないけれど、雪肌精がつくる肌の美しさには、まさしく上品さとたおやかさが宿っている。それこそ肌一枚ではない、女性たち自身を美しくしようとしている、それがとてもよくわかる。まざまざと伝わってくるのだ。

さらにもう一つ、女性たちを力強く牽引してくれるミューズたちの存在。コーセーが選ぶ美の女神は、まさに日本の美人を代表する錚々たる顔ぶれ、簡単に近づけるレベルではないのに、不思議に私たちを遠ざけない。コーセーの70周年記念広告はよい例で、意外なほど近くで、美しくなる術をとても具体的に示してくれる。ツンと取り澄ました美しさではなく、人肌の温かみを持った美しさが、きれいへの近道を教えてくれるよう。いや、〝きれい止まり〟ではない、きれいの、その先にある存在美までも見せてくれるのだ。それぞれが人としても美しい、かけがえのないお手本たち。

だから私たちは迷わずについて行く。ときに熱く、ときにやさしく、一生懸命に人をきれいにしようとするこのブランドに……。

Profile

女性誌編集者を経て独立。現在は女性誌にて多数の連載を持つ。美容への造詣の深さはもちろんのこと、“女性の美しさ”への鋭くも温かい洞察が感じられるエッセイにはファンも多い。

神崎恵さん

美容家

自信という美しさを もたらしてくれる無敵な存在

生涯忘れられないCMがある。

「ねェ、チューして」とかわいく美しい女が、ドキッとするほどの至近距離でとなりの男にキスをせがむというもので。コーセールシェリのパウダーファンデーションのCMだった。

とにかくこれが衝撃的だった。

女なら、想像してみればこれがどれだけのことかがわかるはず。

そんな至近距離で、そんな大胆なことを、そんなかわいい顔でいえるなんて。

すべての条件が整っていなければ絶対にできないこと。「きれいって、こんなにも女に自信をくれるものなのか」と、当時まだ17歳だった私の心が鮮明に打たれたのを覚えている。

もちろん、即このファンデーションを買いに走った。

ひと塗りで手に入れた毛穴レスの透明肌。あのときの私は、CMの女性にも負けないくらい、無敵だったと思う。

肌、唇、まつ毛に頬。目に映る、かたちとしての美しさはもちろん、女の心にまで手をのばし、自信という美しさをくれるのが、コーセーというブランドが生み出すコスメたち。10代も、20代も、30代も、そして40代半ばになったいまも変わらず、女としての楽しみや自信をもらっている。

となりにやさしくぴたりと寄り添いながらも、ときにドキッと、ときにそっと背中を押してくれる。

これから先何十年も、ずっと一緒にいてほしい。

そう願わずにはいられない、特別で無敵な存在であるコーセーに愛を込めて。

これからも、愛のこもったコスメの誕生を、期待せずにいられません。

Profile

多くの女性に支持される美容家。ひとりひとりにカスタマイズしたメイクや生き方を提案するアトリエ「mnuit」を主宰するかたわら、雑誌連載、コスメの開発なども手がける。

イガリシノブさん

ヘア＆メイクアップアーティスト（BEAUTRIUM）

ときにはコスメの力を借りて 内面も外面も「私」らしく

他人にジェラシィを抱いたり、誰かをうらやましがったり。

それはとても自然な感情だけれど、それだけでは前には進めません。

嫉妬や羨望の気持ちをどうやったら自分のバネにできるか？

それを考えて、実行に移せるかどうかが、かわいくなるための大きな課題だと思います。

コーセーのコスメは、見るだけでワクワクして、使うとキャーッ！となるものばかり。どの商品もいつもドキドキさせてくれます。２０１６年に70周年を迎えられ、その進化はとどまるところを知りません。スキンケアやメイクにそんなコーセーのアイテムを一つ取り入れるだけで、前に進むきっかけになるかもしれません。

なんでもいいから前に進むきっかけができれば、自分に少しでも勇気がつけば、きっと、いまの「普通」のステージが、もう一つ上のステージに上がっていくはずです。それを繰り返して、少しずつでも進んでいけば、きっと、「私」の内面が穏やかにきれいになっていく——。一つ一つ自分に磨きをかけて、内面も外見も「私」らしくつくり上げていけたら、とっても幸せだと思いませんか？

そうはいっても、うまくいかないときだってあります。だからこそ、コスメに頼ってみたり、何かに身を丸投げしてみたり、休んだり、そこも上手に使っていきましょ。

Profile

“イガリメイク”の生みの親であり、常識にとらわれない独自の理論とテクニックが評判の人気アーティスト。2018年、自身のコスメブランド「WHOMEE」（フーミー）がスタート。

Chapter

2

For snow-white skin

「雪のような肌を求めて」

素肌がきれいだと、自分に自信が持てる。
朝、鏡をのぞいて肌の調子がいいと、今日一日、がんばれる気がする。
肌は、その日の気分さえも左右する重要な存在。そんな女性にとって、信頼できるスキンケアアイテムを見つけることは、日々を楽しく、ポジティブにすごすためのお守りを得るようなものかもしれません。

いま、世のなかには数え切れないほどのスキンケアアイテムがあります。
そんななか、母から娘へ受け継がれ、日本から世界へ広がっているのが**「雪肌精」**です。
1985年の発売以来、化粧水売り上げ本数は**合計約※5、600万本を突破！　1日に約4、600本**も売れているのだとか。
肌と心に透明感を――。
多くの女性の肌に寄り添ってきた**雪肌精の世界観**を、広告からひもときます。

※2018年3月末時点。各サイズ品、限定品を含む

● 新垣結衣

「すっぴん、きれいだね」といわれたい女性を応援

「理想の肌は、すっぴんで外出できる肌」という女性も多いのでは？　そんな女性の願いをかなえてきたのが「雪肌精」でした。1985年にスタートした雪肌精は、1993年に「雪肌精」から「薬用 雪肌精」にリニューアル。長らくアイテムは化粧水のみでしたが、2000年にシリーズ化が開始され、現在、ラインナップは20種類以上となっています。

新垣結衣さんが新キャラクターとして登場したのは2012年。新垣さんが持つ凛とした透明感と、「すっぴん」をキーワードにした一連の広告は、素肌美人をめざす女性を魅了しました。ちなみに、いまでこそ珍しくない「すっぴん」というキーワードを、スキンケアブランドの広告でいち早く使ったのはコーセーだったとか。ただ白いだけではない、雪のように透明感のある素肌は、いつの時代も女性たちの憧れです。

Yui Aragaki
with 雪肌精

Skincare Product

『雪肌精』
薬用 雪肌精［医薬部外品］

「一生ものの化粧水」との呼び声も高い、雪肌精ブランドの看板アイテム。和漢植物エキスが肌をうるおし、キメ細やかでみずみずしい透明美肌に導きます。

'12 Summer

'13 Summer

Base Makeup Product

『雪肌精』
ホワイト BB クリーム

スキンケアをしながらシミ・くすみをカバー。化粧水後はこれ1本でスキンケアもベースメイクも完了という手軽さが、忙しい女性に支持されています。

KOSÉ
スキンケアしながら、
シミ・くすみカバー。
これが、
＼ふんわり／
すっぴんメイク。
New!
美容液
乳液
クリーム
1本で
6つの
効果
化粧下地
ファンデーション
日やけ止め
雪肌精
BB
WHITE BB CREAM
SEKKISEI
KOSÉ
雪肌精
美白する和漢BBクリーム誕生。
新発売　雪肌精　ホワイトBBクリーム　2色　各30g　2,600円（税込2,730円）
SPF40/PA+++　○和漢植物エキス配合

UVcare Product

『雪肌精』
サンプロテクト
エッセンス ジェル

2014年に発売されるやいなや、「スキンケアできる日やけ止め」というコンセプトがうけて大ヒット。日中のうるおいをキープしながら、透明美肌を守ります。

'14
Spring

Yui Aragaki
with 雪肌精

'14
Summer

Skincare Product

『雪肌精』
化粧水仕立て 石けん

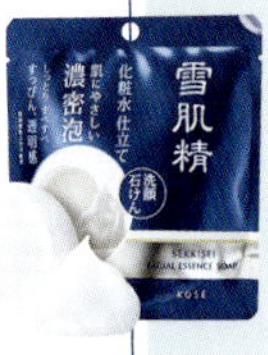

新垣さんもお気に入りの化粧水仕立ての美容石けん。クリーミィな濃密泡で、洗い上がりはしっとりなめらか。洗うたびに、くすみ※知らずの透明美肌に導きます。

※メラニンを含む古い角質

Skincare Product

『雪肌精』
薬用 雪肌精［医薬部外品］
限定“シンデレラ”デザインボトル

雪肌精の30周年記念として2015年に発売された、限定「シンデレラ」デザインボトル。人気のBBクリームと化粧水のミニサイズセットも話題になりました。

Skincare Product

『雪肌精』
ハーバル ジェル

1品で乳液、クリーム、マスクなど5つの効果が得られる多機能ジェルは、忙しくてもきれいでいたい女性の強い味方。化粧水後に使えば肌がもちもちに。

'16
Autumn

'16
Spring

Skincare Product

『雪肌精』
薬用 雪肌精　エンリッチ
[医薬部外品]

「しっとりタイプがほしい!」というユーザーの声に応えて誕生。みずみずしく肌に広がり、ふっくら感が持続。高いしっとり感と、ベタつきのなさを両立します。

Yui
Aragaki
with 雪肌精

KOSÉ
70th
KOSÉ
Anniversary
since 1946
うるおうと、
肌は透きとおる。
リッチな
感触
“しっとり”タイプの
雪肌精
エンリッチ
薬用
雪肌精
MEDICATED
SEKKISEI
ENRICHED
KOSÉ
乾燥とくすみをケアする
和漢植物エキスを新たに配合。
薬用 雪肌精　エンリッチ　［医薬部外品］
200mL　5,000円（税抜）　※乾燥によるくすみ
雪肌精
SEKKISEI

Profile

1988年6月11日生まれ、沖縄県出身。ティーン誌「nicola」のモデルを経て女優に。2008年に主演映画「恋空」で、第31回日本アカデミー賞新人俳優賞を受賞。フジテレビ「コード・ブルー-ドクターヘリ緊急救命-」「リーガル・ハイ」、TBS「逃げるは恥だが役に立つ」など数々のドラマや映画に出演。

Interview 1

「雪肌精」イメージキャラクター

新垣結衣さん

肌の声を聞きながら
凜とした透明感を
めざしたい

雪肌精のイメージキャラクターである新垣結衣さんは、
普段どんなお手入れやメイクをしているのでしょうか。
その素顔をお届けします。

Photographer:Kazutaka Nakamura　*Hairmake*:Shinji Konishi(band/komazawa bisyo)
Stylist:Fusae Hamada

Yui
Aragaki

肌と相談しながら自分に合うものを探す

——色が白くて透明感があって、まさに「雪のような肌」の新垣さん。肌の悩みとは無縁そうですが。

　私は昔から肌の調子が安定しないタイプなんです。また、仕事柄どうしても生活リズムが乱れがちで、そういったことがわりと肌にダイレクトに出てしまう。なので、思春期から悩まなかったことはないくらい。トラブルにいかに対処するかは常に考えています。特に、アラサーになってからは乾燥との戦いです。以前はオイリー肌でニキビに悩んでいたんですが、この冬はあまりに乾燥しすぎて、朝、洗顔するのをためらうほど（笑）。そこで最近は、朝の洗顔前に保湿をするようにしています。といっても、乳液をたっぷり塗るだけなんですけど。そうすると、乳液がものすごい勢いで肌にしみ込むし、こわばっていた肌がやわらかくなるんですよ！　しばらくして乳液が十分になじんだら、表面に残った乳液を軽く洗い流して、化粧水、乳液……と普通のスキンケアをします。30歳の冬はこの乳液洗顔にはまっていますけど、来年の冬も効果があるかはわからないので、そのときはまた肌と相談しながら試行錯誤したいと思っています。いずれにしても、人前に出る仕事ですし、雪肌精のイメージキャラクターもやらせていただいているので、肌は健やかに保ちたいなと思っています。

——スキンケアアイテムの選び方やこだわりがあれば教えてください。

　自分の肌に合うというのがまず大前提なんですけど、私のなかでは「思い切り使える」というのがけっこう重要です。だから、雪肌精のアイテムでは

特に化粧水仕立て石けんと化粧水が好きです。フォームよりも石けんのほうが簡単にたっぷり泡だてられて何となくぜいたくな気持ちになれますし、化粧水はボトルが大きいのがうれしい(笑)。手に取ったり、コットンに取ったりして、とにかくたっぷり使っています。雪肌精は香りも好きですね。清涼感のある香りは暑い夏にぴったり。雪肌精MYV(みやび)も使っていますが、そちらのやさしい香りも気に入っています。信頼できるスキンケアブランドがあるというのは、とても心強いです。

肌のお手入れをする時間は、仕事がある日は、いやしのひとときでもあり、「今日もがんばろう」と気合いを入れるひとときでもあります。オフの日はいやしと願掛けの時間。「きれいになあれ」「調子よくなあれ」って自分で自分に願掛けをするんです。メンタルも肌に影響すると思っています。

――スキンケアと同様にメイクは女性にとって欠かせない習慣です。仕事やプライベートで、メイクとどのように付き合っていますか?

「きれいになあれ。自分で自分に願掛けしています」

私は基本的に、仕事でもナチュラルなメイクをしていただくことが多いんです。それでも、演じる役柄によって違うので、メイクが演じる役柄を理解する手がかりになることもあります。また、見てくださる方に「この役はこういう人だ」とわかりやすく伝える効果もあると思っていて。だから、女優という仕事をするうえで、メイクはとても重要な存在ですね。

プライベートではすっぴんが多いです。夜、友だちとごはんを食べに行くときも、赤みが気になるところを消してお粉して、眉毛を描いてマスカラをするくらい。気合いを入れてメイクしなきゃいけないよ

Yui Aragaki

うな、そういう場所に行く機会がまだないんです（笑）。

基本的にやりすぎないメイクが好きなんですが、最近は、目尻だけに2〜3ミリアイラインを入れるのがブームです。ほんの少し足すだけなのに、目が大きく見えるというか、目に意思が表れるというか。もともとはメイクさんに教えてもらったテクニックで、「え、すごい！　目が急に大きくなった」とびっくりして以来、自分でもまねしています。あとは、アイシャドウだったら塗っているか塗っていないかわからないくらい、本当に薄くブラウンをのせたりします。

いずれにしても、メイクは「仕込みメイク」ですね。料理にたとえると、おいしいお味噌汁のために出汁を入れるとか、焼く前に塩・コショウで下味をつけるとかそんな感じ。伝わるかな（笑）。

悩みがあるなら まず行動してみる

——新垣さんは多くの女性の憧れですが、ご自身はどんな女性に憧れますか？　また、女性がきれいになるためには何が必要だと思いますか？

憧れるのは、柔軟だけど芯の通った人。自分の意見とか意思がないのもだめだなと思うんですけど、だからといって、まわりの声が聞こえないのもよくないですよね。一つの方向だけでなく、いろいろな角度から物事を見ることができる人になりたいなと、常々思います。

きれいになるために必要なのは……何でもやってみること。コンプレックスがまったくない人ってわずかだと思うんです。私自身も肌が安定しないのがずっとコンプレックスで、いろいろと試しながら自分に合う方法をいまも探している最中です。雑誌やインターネットで情報を集めてもいいし、誰かに助けてもらってもいい。あとは自分の体とお財布と相談して、できることから行動してみたらいいのではないでしょうか。

そうやってきれいになりたいと思って、そのために行動している人は、私はそれだけで十分、すてきだなと思います。だからといって、きれいになりたいと思っていない人がだめだというわけじゃなくて。自分に自信がある人も、コンプレックスを認めている人も、すごくすてき。「こうなりたい」「私はこれでいい」。そんな想いが女性をきれいにしてくれるのかなと思います。

Yui Aragaki

「美しくなるために
行動している人がすてきだなと思う」

Chapter

3

Be the only one

「オンリーONEをめざして」

気になる乾燥に、年齢とともに増えていく**シミ・シワ**。「これも私らしさだから」と、気にせずに受け入れるという選択肢ももちろんあります。でも、日々のお手入れできれいな素肌になれたら、それがいちばんではないでしょうか。

そんな女性の望みに応えるべく誕生したのが、高効能特化型ブランド**「ONE BY KOSÉ」**です。ONE=唯一無二。70年以上の年月のなかで磨き上げた技術力×研究力を結集させたブランドです。

ONE BY KOSÉのミューズはみな、表情はいたってナチュラルで、凝ったメイクもしていません。それでもはっとするほど美しいのは、それぞれの唯一無二の美しさが引き出されているからではないかと思うのです。

ひとりひとりの女性を、より美しく。

ONE BY KOSÉの一連の広告には、コーセーの願いが込められています。

Kyoko Koizumi
Keiko Kitagawa
Mirei Kiritani
with ONE BY KOSÉ

’17

●小泉今日子・北川景子・桐谷美玲

「美容液のコーセー」が保湿美容液をさらに進化

スキンケアの分野でいまや欠かせない「美容液」。それを業界ではじめてつくったのは、じつは、コーセーでした。「ONE BY KOSÉ 薬用保湿美容液」は、化粧品業界のパイオニアであり続けたコーセーが、技術力と研究力を結集して完成させた進化系美容液です。

広告のイメージキャラクターを務めたのは小泉今日子さん、北川景子さん、桐谷美玲さん。50代、30代、20代と世代が異なる3人を起用することで、「目もとの乾燥が気になる」「いつまでもみずみずしい肌でいたい」「忙しくて肌があれがち」といった女性の肌悩みの根本にある乾燥を、世代や肌タイプを問わずにケアできることを表現しています。テレビCMは、3人がうるおいと自信に満ちた肌人生をかなえるというストーリー。各ミューズから同世代の女性に向けたエールもあり、素肌に悩みを抱えるすべての女性たちの共感を呼びました。

Skincare Product

『ONE BY KOSÉ』
薬用保湿美容液
［医薬部外品］

日本で唯一、肌の水分保持能を改善する有効成分ライスパワー®No.11※を配合。2017年に発売されて以来、"うるおい改善美容液"として女性に選ばれ続けています。

※米エキスNo.11

Haruka Igawa

with ONE BY KOSÉ

’18

●井川遥

かつてない美白で クリアな肌に導く

凛とした存在感と、白く透明感のあふれる肌……。女優・井川遥さんの圧巻の美しさに、うっとりした人も多いのではないでしょうか。

そんな井川さんの広告でおなじみの「ONE BY KOSÉ　メラノショット ホワイト」は、日本ではじめてシミの発生源の3D解析に成功したコーセーが、その知見を存分に活かして開発した進化系の薬用美白美容液です。2018年4月の発売以降、「あのくもりのない肌に少しでも近づけるなら」と手に取る女性が増え続け、リピーターが続出しています。

Skincare Product

『ONE BY KOSÉ』
メラノショット ホワイト
［医薬部外品］

シミのもとを無色化※する、進化系のコウジ酸美白美容液。メラニンの生成を抑え、シミ・ソバカスを防ぎます。使用後すぐに感じる保湿力と透明感も魅力。

※メラニンのかたまりを黒色化させないこと

Kyoka Suzuki

with ONE BY KOSÉ

'18

●鈴木京香

肌の真皮と表皮
両方にアプローチ

ここ数年、活況を呈するシワ改善化粧品市場。2018年10月にコーセーが満を持して投入したのが、「ONE BY KOSÉ　ザ リンクレス」です。

50代とは思えないハリ肌の持ち主・鈴木京香さんが、「深く、効く」「目もと、口もとに、自信を」と語りかけるテレビCMが美容感度の高い女性の心にささり、商品は大ヒット中。効果、使い心地はもちろんのこと、継続して使えるコストパフォーマンスのよさも人気の要因となっています。

Skincare Product

『ONE BY KOSÉ』
ザ リンクレス
[医薬部外品]

シワ改善に有効な成分リンクルナイアシン※を配合。肌を奥から支える真皮と、ハリを与える表皮の両方にしっかりとアプローチします。

※ナイアシンアミド

深く、効く。
B
真皮と
シワ改善
“な
肌を奥からグッ
気になるシワ
最前線※
・真皮と表皮に

Keiko Kitagawa
with ONE BY KOSÉ

'19

● 北川景子

テカリ知らずの
うるおい美肌へ

ONE＝唯一無二にこだわり、高効能特化型アイテムを次々と世に送り出しているブランドONE BY KOSÉに、新たに加わったのが「バランシング チューナー」です。同商品は、皮脂の分泌を抑制する新発想の薬用化粧水。皮脂による化粧崩れやテカリに悩む女性たち待望のアイテムとなっています。

ミューズを務めるのは女優の北川景子さん。テカリがなく、それでいて、みずみずしくなめらかな北川さんの肌は、世の女性たちの「なりたい肌」そのものです。

Skincare Product

『ONE BY KOSÉ』
バランシング チューナー
［医薬部外品］

皮脂腺に直接働きかけ、皮脂量を減少させる有効成分ライスパワー®No.6※を配合。過剰な皮脂のみを抑え、油分と水分のバランスを整えます。

※米エキスNo.6

Chapter

4

Revolutionary makeup

「メイクに、革命を。」

忙しくて時間がない朝、「もっと丁寧にメイクができたら……」と落ち込むことがあります。
思うような仕上がりにならなくて、「どうしてメイクをしなくちゃいけないんだろう」と、憂うつになる日もあります。

けれど、メイクは本来、楽しいもの。「なりたい私」に導いてくれる味方。
そう気づかせてくれるのは、いつだって**「エスプリーク」の広告**でした。

２０１１年に登場したメイクアップブランド・エスプリーク。
「理想のメイクを**テクニックレス**でかなえること」
「**プロ級の仕上がり**を短時間で実現すること」
「メイクする瞬間から**ワクワク**すること」

そんなブランドのテーマを体現したイメージキャラクターたちは、ひとりひとりが生き生きと輝き、どんなときも鮮やか。
目にするたびに、私たちは**「きれい」をあきらめなくていい**のだと、励まされるのです。

’14
Summer

Base Makeup Product

『エスプリーク』
ひんやりタッチ BBスプレー UV

メイクの定番となりつつあったBBクリームにひんやりタッチのスプレーが登場。スポンジに吹きつけてサッとのばすだけで、毛穴レスの肌が手に入ります。

Aya Ueto
with ESPRIQUE

●上戸彩

進化を続ける
エスプリークのファンデ

コーセーを代表するメイクアップブランド「エスプリーク」はファンデーションに定評があります。だからこそ、エスプリークの歴代のミューズはいずれも透明感あふれる美肌の持ち主。2014年から2016年までイメージキャラクターを務めた上戸彩さんも例外ではありません。2014年といえば、ドラマ「昼顔～平日午後3時の恋人たち～」(フジテレビ)がオンエアされた年。美しい大人の女性へと変わっていく上戸さんが起用されたポスターとテレビCMは、発表されるたびに話題を呼び、エスプリークを強く印象づけました。

Base Makeup Product

'14

『エスプリーク』
リキッドなのに ムラになりにくい ファンデーション UV

スタンプ状のスポンジを使ってポンポンとのせるだけ。手が汚れない仕様が時短メイクブームにマッチし、家事に仕事にと忙しい女性に重宝されました。

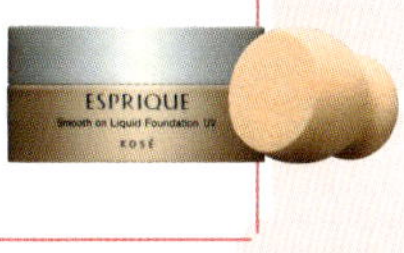

KOSÉ
夏のクールメイク
−5℃* BEAUTY
毛穴キュッと、サラ肌ファンデ。
＊限定発売＊ エスプリーク ひんやりタッチ BBスプレー UV 50 N 60g/95g SPF50+/PA++++
01 02
ESPRIQUE

'16 Autumn

Aya Ueto

with ESPRIQUE

Base Makeup Product

『エスプリーク』
スキンケア
ファンデーション UV

美容液を85%配合。スキンケア効果が高く薄づきなのに、毛穴はしっかり隠すカバー力の高さが30代、40代の女性に好評です。程よいツヤ感も人気。

'16 Summer

Base Makeup Product

『エスプリーク』
ひんやりタッチ BB
スプレー UV 50 N

毎年好評の－5℃タッチのBBスプレーに、持ち運びに便利なサイズが仲間入り。「毛穴が気になる肌もシャキッと整う」と話題に。

KOSÉ
どんな瞬間も、
自分らしく生きる。
つやを、まとう。
私の透明感、生まれる。
エスプリーク ルージュグラッセ 10色
エスプリーク グロウチーク 4色
仕上がり、絶妙。エスプリーク
ESPRIQUE

北川景子

「なりたい」をかなえる実力派メイクアップブランド

2010年から2015年ごろまで、メイクはすっぴん風のナチュラルメイクが主流でした。その潮目が変わったのは2016年ごろ。次第に大人っぽいメイクが支持されるようになりました。このタイミングでエスプリークのイメージキャラクターに起用されたのが北川景子さんです。北川さんといえば、なりたい顔ランキングの上位の常連。意志を感じさせる眉に、上品な光をまとった目もと、つややかな唇――。「エスプリークのコスメを買えば北川さん風の『大人きれい』になれる!?」と、アイテムはいずれも大ヒットしました。

また、エスプリークのコンセプトである「テクニックレスで理想のメイクをかなえる」「プロ級の仕上がりを実現」を体現したアイテムは、使い心地や仕上がりも好評。多くの女性誌、美容誌でベストコスメアワードを受賞しています。

Keiko Kitagawa

with ESPRIQUE

'16 Winter

Makeup Product

『エスプリーク』
セレクト アイカラー

ダイヤモンドを砕いたダイヤモンドパウダーを配合。流行の単色×ツヤのある目もとをかなえます。美容マニアが絶賛する化粧もちのよさもポイント。

'16 Spring

Makeup Product

『エスプリーク』
グロウチーク（上）
ルージュグラッセ（下）

落ち着いたツヤ感のチークはオイルインベース。唇に塗った瞬間とろけるルージュはシアバター成分配合。どちらも肌なじみのよさが好評でした。

’18
Spring

Keiko Kitagawa

with ESPRIQUE

Spring
’19

Base Makeup Product

『エスプリーク』
シンクロフィット パクト UV

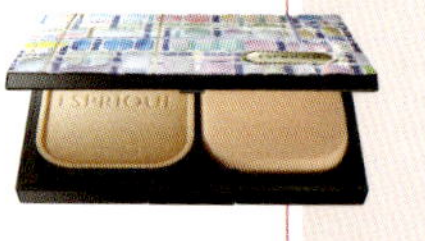

どんなコンディションの肌にもスーッと溶け込むように密着します。ひと塗りで、素肌が美しくなったような仕上がりを長くキープします。

Makeup Product

『エスプリーク』
リッチクリーミー ルージュ

スティックの発色ともちのよさに加え、グロスのなめらかなタッチを兼ね備えた新感覚ルージュ。つけたての美しい色合いとうるおいをキープします。

KOSÉ
どんな日も、
絶品肌。
ESPRIQUE
ESPRIQUE
ESPRIQUE
どんな肌状態にも密着、均一に整う。誕生、シンクロフィットファンデ。
[新発売] エスプリーク シンクロフィット パクト UV 7色 SPF26/PA++ ※[写真のケースは限定発売] 限定品は数に限りがございますので、品切れの際はご容赦ください。

Interview 2

「エスプリーク」イメージキャラクター

北川景子さん

私らしさと、なりたい自分。
メイクが背中を押してくれる

2016年よりエスプリークの
イメージキャラクターを務める北川景子さん。
普段のスキンケアからメイクのこだわりまで、
その美しさの秘密をうかがいました。

Photographer: Mayumi Koshiishi(MILD)　*Hairmake*: Takuma Itakura(nude.)　*Stylist*: Keiko Sasaki

Profile

1986年8月22日生まれ、兵庫県出身。2003年に雑誌「Seventeen」でモデルデビュー。同年、女優デビューも果たし、以来、映画、テレビ、CM、雑誌などで幅広く活躍。近年の主な主演作品は、映画「スマホを落としただけなのに」、ドラマ「家売るオンナの逆襲」（日本テレビ系列）等。

Keiko
Kitagawa

Keiko Kitagawa

Chapter 4　Revolutionary makeup

058 — 059

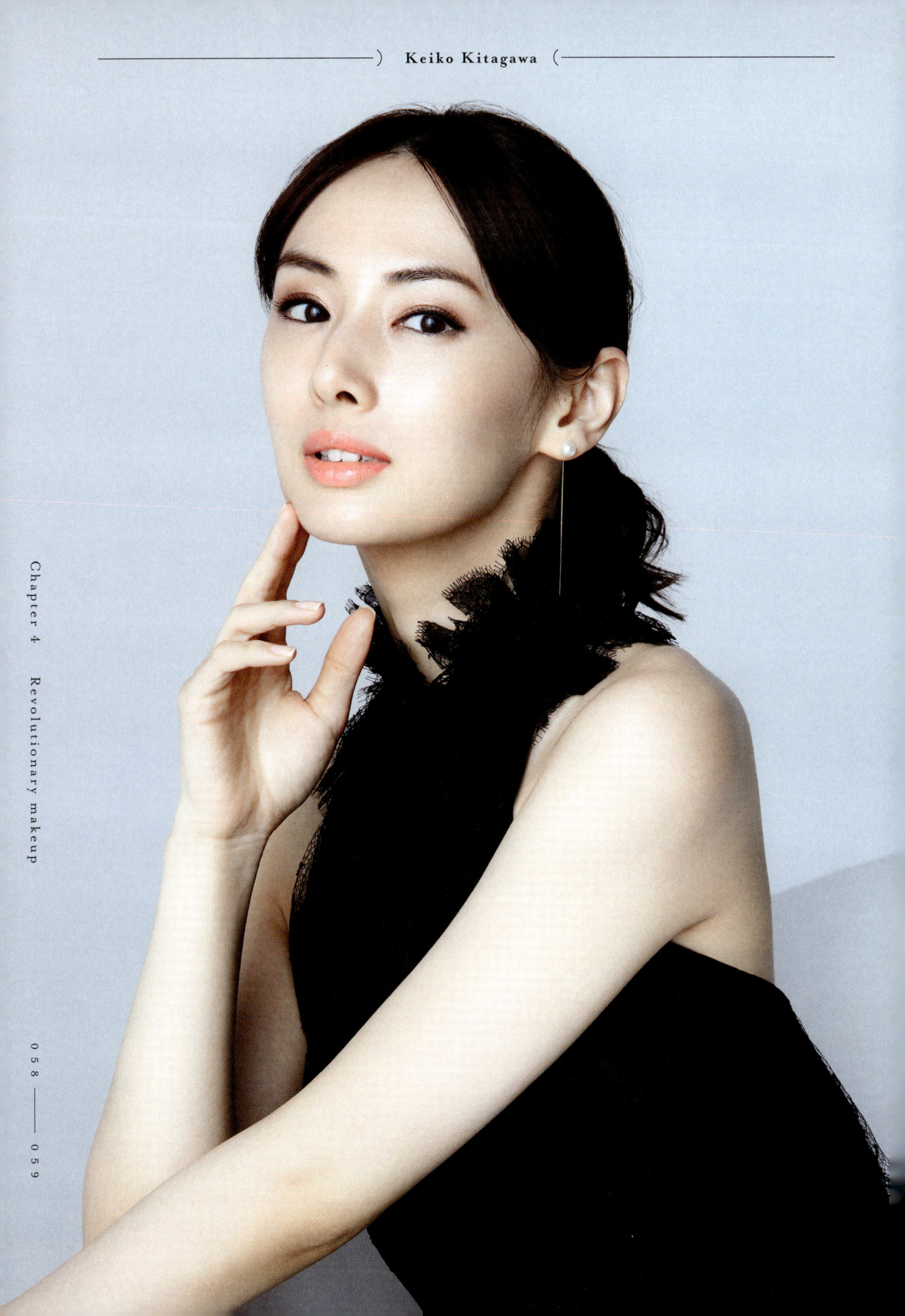

ケアはシンプルに
でも、手は抜かない

——コーセーのイメージキャラクターをされるにあたって、スキンケアで気をつけていることはありますか？

デビューしてからずっと、「きれいでいること」を心がけてきました。だから、コーセーさんのイメージキャラクターになったから特別何かをはじめたということはないんです。でも、お話をいただいたのがちょうど30歳目前だったこともあって、「以前よりも美しい自分を表現できるようになりたい」という気持ちは強くありましたね。ただ私の場合、肌が敏感なほうでやりすぎると逆にトラブルが起きてしまうんです。だから、洗顔後は導入美容液、化粧水、乳液、クリームでおしまい。スキンケアはいたってシンプルです。

また、すぐに赤くなってしまうので日やけ止めは毎日、服から出ているところにはすべて塗っています。それと保湿ですね。肌の調子が悪いとテンシヨンが下がりますし、女優としても自信を持てなくなります。何より、「撮影続きだから肌が疲れている」といういいわけは絶対にしたくないので、基本のスキンケアは365日、手を抜かないよう心がけています。

——北川さんにとって、メイクはどのような存在ですか？

舞台挨拶やテレビCM、雑誌などでメイクアップしてもらうときは、「表舞台に立つ自信」をもらっているような、背中を押してもらっているような感じです。逆に、病気を抱えている役とか、実年齢より上の役をやるときはメイクダウンをすることもあるんですけど、そういうときは、メイクや身なりに役づくりを助けてもらうこともあります。外見は「その気になる」という意味でとても大切で、女優という仕事にとっては切っても切れない存在ですね。

「私にとってメイクは なりたい自分に変化させてくれるもの」

プライベートでは、メイクをしている自分も、していない自分も好きで、そのギャップがすごく楽しい。メイクによって華やかになったり、クールなイメージになったり、フェミニンになったりと変身できるじゃないですか。だからメイクは、「なりたい自分に変化させてくれるもの」だと思っています。

——普段のメイクでこだわっていることはありますか？

眉毛です。ベースメイクをしたらまず眉毛。ブラシとマスカラで眉毛をしっかり立ち上げて、きりっとさせるのが好きです。眉毛がしっかりしていると顔つきもしっかり・はっきりするような気がするし、眉毛さえしっかりできていれば自分の顔だなって思いますね。失敗したら最初からやり直します。

あとはアイライン。私は「意志が強い」「芯がある」といっていただくことが多いのですが、眉毛とアイラインをきちんとやっておけば、けっこう凛々しい感じになって私らしいかなと思っています。

——北川さんはさまざまな「なりたい顔」ランキングにおいて上位になっていますが、北川さん自身はどんな女性に憧れますか？

松雪泰子さんとか柴咲コウさんとか、事務所の先輩にはとても影響を受けています。みなさんとてもきれいで、私もこんな大人の女性になりたいなと思っています。ただ、「この人になりた

Keiko Kitagawa

い」という特定の人はいないんです。なぜなら、「あんな人になりたい。あの人は私よりこういうところがいい」と思いはじめると、それが妬みとかコンプレックスに変わってしまうような気がするから。若いころから「常に自分らしくいたい」という気持ちが強くありましたし、仕事柄、「あの人と私は違うけれど、私は私でいい」と思うようにしています。自分の感覚を信じて、自分ができることを一生懸命やって、後悔のない生き方をする。そんな風に年を重ねられたらなと考えています。

顔やたたずまいに その人の生き方が表れる

——20代と30代とで、美容に関する意識は変わりましたか？

変わりましたね。20代のうちは、深夜まで仕事して次の日の朝が早くても、大好きなジャンクフードを食べても調子がよかったんです。でも、30代になってからそれがちょっとずつ変わってきて、「自分の生活が自分の外見や美しさをつくるんだ」と強く実感するようになりました。

ある程度の年齢になってくると、その人の生き方が顔やたたずまいに表れてくると思うんです。だから、年を重ねてもきれいでいるためには、無理して若づくりしたり、背伸びしたりする必要はないけれど、努力は必要かなと。忙しくても、食事に少しだけ気をつけるとか、できる範囲で運動をするとか、自分に合ったスキンケアやメイク、ヘアスタイルを見つけるとか、そういうちょっとしたことでいいんです。そのときどきの自分に合った努力を積み重ねていくことができたら、ずっときれいでいられるのではないかと思っています。

——きれいになりたいと願う女性にメッセージをお願いします。

なりたいと思う姿に必ずなれる。私はそう信じているんです。きれいになりたいと思ったら、自然にそこに向かって努力しますよね。だから、「きれいになりたい」「美しくなりたい」と思うということは、その目標に向かってすでに一歩踏み出せている証拠。強い願いは絶対にかなうと思っています。何より、私は女性のみなさんはとても美しいと思う。女性は常に葛藤していますよね。仕事のためにプライベートを犠牲にしている人もいれば、家庭のためにキャリアを捨てざるを得ない人もいる。何かを得れば何かを失うという状況で、女性は取捨選択しながらがんばっています。私にはその姿がとても美しく見えますし、私自身もみなさんと一緒に、そういう生き方をしていきたいと思っています。

Keiko Kitagawa

「女性は常に葛藤し続けている。
その姿が美しいし
自分もそうありたい」

Chapter

5

Modern fashion leaders

「時代のファッショニスタ」

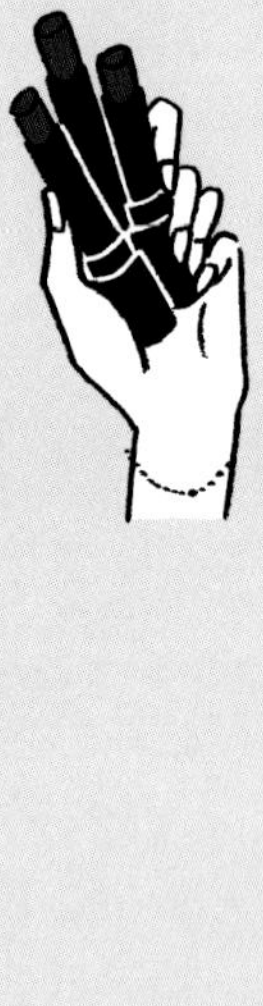

ふとしたきっかけで、過去を鮮明に思い出すことがあります。
たとえば、昔の自分の写真を見たとき。
懐かしい曲が聞こえてきたとき。
そのとき憧れていた人、はやっていたメイク、夢中だったものが、一瞬にしてよみがえります。

コーセーの歴代の広告を見て、同じような感慨に打たれました。
「**ドゥ・セーズ**」、「**ルティーナ**」、「**ヴィセ**」。それぞれのメイクアップブランドのミューズを務めるのは、時代を代表する**ファッショニスタ**たち。
彼女たちが最先端のメイクを表現したポスターやテレビCMは、その時期の〝**美**〟と〝**価値観**〟を色濃く映し出しています。

ときに**クール**に、とびきり**キュート**に――。
いつの時代も私たちの心をとらえてやまない、コーセーのメイクアップ広告を振り返ります。

'98

Makeup Product

『ドゥ・セーズ』
ルージュラブラス

なめらかにのびるクリーミィタッチパウダーと水分を保つアクアキープオイルでコクのある感触を実現。ダークレッド系の「454」が当時の女性の定番色に。

●中山美穂

中山美穂さんの使用色が 20代～30代女性のトレンドに

ギャル文化が台頭した1990年代後半、リップは色みを抑えるのがトレンド。25歳以降をターゲットとしたメイクアップブランド「ドゥ・セーズ」からも、ブラウン系やベージュ系のルージュが次々とリリースされました。1995年には、世界の歌姫マライア・キャリーを起用した「リップアバンチュールM」が大ヒット。翌年、新たにイメージキャラクターに抜擢されたのが、映画「Love Letter」（岩井俊二監督）で主演を務め、歌手としてはもちろん、女優としても大活躍していた中山美穂さんです。1997年に「ルージュ フリーディス」が発売されると、中山さんの使用色「美穂の303」を指名買いする人が続出。1998年に登場した「ルージュラブラス」も、「454は美人の番号」というキャッチコピーが女性たちの心に響き、人気商品となりました。その後もドゥ・セーズの口紅は発売のたびにトレンドに。本命ルージュとして、多くの女性の唇を彩りました。

Miho Nakayama

with **deuxseize**

’99

Makeup Product

『ドゥ・セーズ』
ルージュ フェアリス

唇でクリアに発色し、つけたての鮮やかさが長時間持続。薄づきでありながらツヤのある仕上がりに。20代～30代の女性を中心に人気を集めました。

Base Makeup Product

『ルティーナ』
シアークリスタル パクト
ファインカバー パクト

光の屈折と反射を利用しているのが特徴。カバー力があるのに自然な仕上がりのファインカバーと、光でピュアな透明感を生むシアークリスタルの2タイプ。

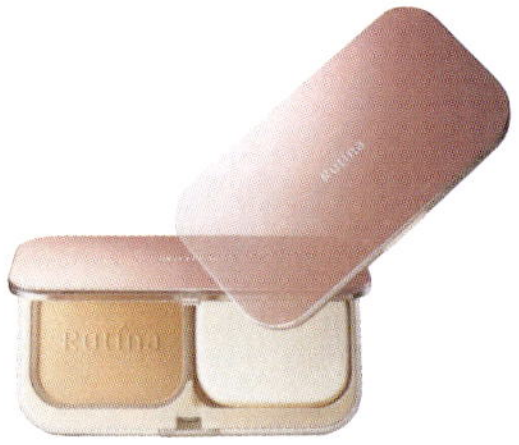

'01

●中谷美紀

ガングロブームのなか 光を味方につけた肌を提案

1990年代後半から2000年代前半にかけ、ベースメイクのニーズは多様化。ユーザーの要望に応えて、ファンデーションの高機能化が進みました。そのような状況にあってコーセーは、中核ブランドだった「ルティーナ」から光の特性を利用したベースメイクシリーズをリリース。光の屈折や反射で毛穴やシワを目立たなくし、透明感を演出することを可能としたパウダリーファンデーションは、肌悩みが増える20代以降のハートを見事にキャッチしました。

イメージキャラクターには、人気急上昇中だった女優の中谷美紀さんを起用。2001年にオンエアされたテレビCMで「私だけ、こんなにきれいになってごめんなさい」と茶目っ気たっぷりに謝る中谷さんの輝くような肌は、コギャル・ガングロブームから距離を置いていた女性たちの羨望の的でした。

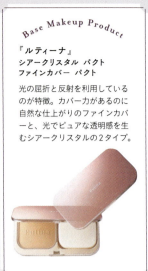

Base Makeup Product

『ルティーナ』
シアークリスタル パクト UV
クリスタルクリエーター

光を操る新発想のパウダーを2種類配合し、明るくピュアな透明感を実現。プロのカメラマンに撮影されたような、美しい肌になれると人気を呼びました。

'02

Miki Nakatani

with **Rutina**

Base Makeup Product

『ルティーナ』
ライトオンパクト（シアータイプ）
フェイスライト

自然な透明感を引き出すファンデーションと化粧下地。「スポットライトを浴びたような透明感と肌のキメが手に入る」と評判になりました。

'02

'00

Spring

Makeup Product

『ヴィセ』
リップビジュアライザー

容器の両端に透明感のある発色のなめらかルージュと、ツヤグロスをセットしたリップカラー。通称「あゆグロス」。指名買いする女子高生が続出しました。

'01
Autumn

Ayumi Hamasaki
with VISÉE

Makeup Product

『ヴィセ』
リップルーチェルＬ（右）
シマーフラッシュ（左）

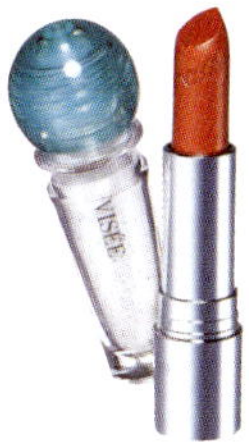

うるおいとツヤの質感が長く続く、シアーグロッシータイプのリップと、ルースパウダータイプのアイカラー。ラメやパール入りのコスメが人気でした。

●浜崎あゆみ

女子高生のカリスマがメイクブームを牽引

10代後半から20代前半の女性をターゲットとしたメイクアップブランド「ヴィセ」。そのイメージキャラクターを2000年から2003年にかけて務めたのが“女子高生のカリスマ”浜崎あゆみさんです。2000年に発売された「あゆグロス」こと「リップビジュアライザー」は大ヒット！ また、2000年代前半は目もとを強調するメイクが主流。あゆメイクの象徴ともいえるマスカラも、女子高生、女子大生のマストアイテムでした。デビルや妖精、人魚など、浜崎さんの“変身”も毎回話題に。

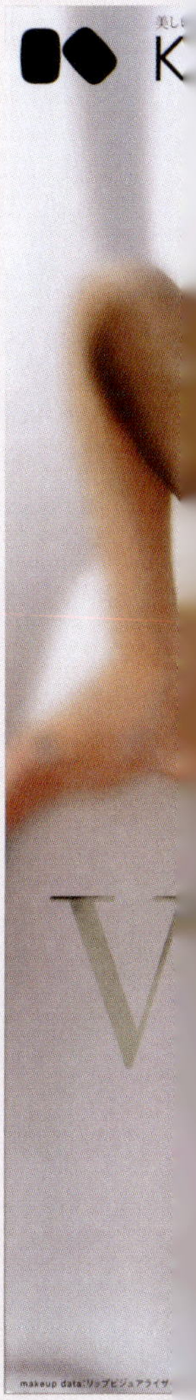

Makeup Product

『ヴィセ』
グッドカールマスカラ EX
（スーパーボリューム）

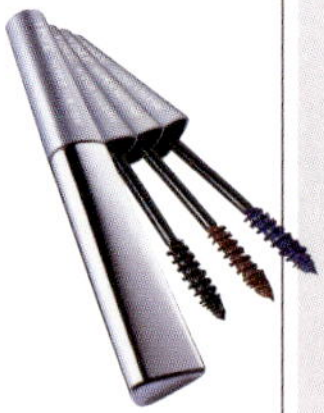

マスカラの普及にともない、よりインパクトのあるボリュームタイプのマスカラが人気に。当時特に人気だった目もと強調メイクに欠かせないアイテムでした。

'02
Winter

'03
Spring

Makeup Product

『ヴィセ』
モードアップ ルージュ

光の反射を強く感じるハイリフレクションオイル配合で、当時のトレンドだったたっぷりとしたツヤと、ぷっくりとした立体感のある唇を実現。

'03 Summer

Ayumi Hamasaki
with VISÉE

Makeup Product

『ヴィセ』
グッドカールマスカラEX（スーパーロング）

業界初のストレートセットファイバーを配合し、まつ毛の長さを1.4倍に見せると話題に。ぱっちりと印象的な目もとは、まさに「無敵」でした。

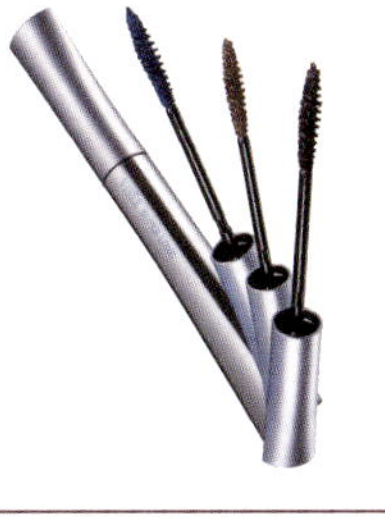

'13
Autumn

Makeup Product

『ヴィセ リシェ』
クリーミーリップスティック（右）
グロッシーリッチアイズ（中）
ブレンドカラーチークス（左）

リニューアルしたヴィセのコンセプトは、「上質な大人グラマラス」。品がありつつも甘口な仕上がりに、トレンドに敏感な女性たちが夢中になりました。

ROLA

with Visée

●ローラ

かわいくて色っぽい 使用色がどれもヒット!

モデル・タレント・女優として活躍するローラさんが、ヴィセのイメージキャラクターを務めたのは2013年から2018年まで。その間に放送されたテレビCMはどれも「メイクするローラがかわいすぎる」「表情が色っぽい」と話題になり、ローラさんの使用色の売り切れが相次ぎました。

Autumn '14

Makeup Product

『ヴィセ リシェ』
リップ & チーク クリーム

唇と頬に、じゅわっと上気したような自然な血色感を演出するリップ&チーク。指でのせるカジュアル感が時代の気分にマッチして人気を呼びました。

'17
Autumn

Makeup Product

『ヴィセ リシェ』
クリスタルデュオ リップスティック

抜け感と血色感のあるグラデーションが描ける、クリアとカラーの2層構造がうけて大ヒット。累計220万本を達成と、コーセーの口紅史上最も売れました※。

※2018年7月末日時点。クリスタルデュオ リップスティックシリーズ累計出荷個数

'17 Spring

KOSÉ
透明感と輝きを
重ねるシャドウ。
Visée

カラーとクリ
自然な
ぼか
グラ
Vi

Makeup Product

『ヴィセ リシェ』
ジェミィリッチ アイズ

透明感と輝きを重ねるアイシャドウ。「誰かのためじゃなくて、自分のためにメイクするの」というローラさんのCMが、女性の心をつかみました。

ROLA

with **Visée**

'18
Winter

Makeup Product

『ヴィセ リシェ』
リップ＆チーククリーム N

にじみ出るような血色感や自然な立体感を演出する、クリームカラー。チークとしては程よいナチュラルなツヤ、リップとしてはハーフマットな仕上がりに。

Makeup Product

『ヴィセ リシェ』
マイヌーディ アイズ

肌のトーンに合わせて、ベージュの色みを絶妙に調整。自分のパーソナルカラーに合わせて選べば、ナチュラルに彫りの深い目もとが手に入ります。

'19 Spring

Karen Takizawa

with Visée

●滝沢カレン

トレンドメイクを通じて 20代が憧れる 世界観を発信

2018年夏からヴィセのイメージキャラクターを務めているのが滝沢カレンさんです。独特なトークやいい回しでバラエティ番組に引っ張りだこの滝沢さんですが、ヴィセのテレビCMではタレントとしての一面は封印。クールビューティーな表情を披露したり、色っぽい仕草を見せたりとモデルとしての本領を存分に発揮し、「大人レディなグラマラス」というブランドコンセプトを見事に表現しています。

そんな滝沢さん効果もあって、2018年11月発売の「リップ&チーククリーム N」は多くの女性に選ばれ、ベストコスメアワードも受賞しています。

Chapter

6

History of makeup

「メイクの変遷 with 安室奈美恵 ALL TIME BEST」

メイクは小麦色の肌に細眉。ファッションは黒のタートルニットにチェックのミニスカート。足もとは厚底のロングブーツ。

１９９０年代後半、多くの女性が**安室奈美恵さん**に憧れ「**アムラー**」現象が起きました。

その後、20代、30代と大人になり、時代が移り変わっても、「**平成の歌姫**」は常にトレンドセッターでした。

コーセーの広告に安室さんがはじめて登場したのは、アムラーブームまっただなかの**１９９７年**。

それから20年以上にわたり、「**ヴィセ**」、「**ルミナス**」、「**エスプリーク**」と舞台を変えながら、安室さんはその美しさと生き方で、人々に希望と勇気を与えてきました。

――みんな、あなたになりたかった。

２０１８年９月に引退するまでの**安室さんの軌跡**、そして**メイクの変遷**を、コーセーの広告でたどります。

Play Back »

1997

1997年、安室奈美恵さんの人気が沸騰。安室さんをまねたアムラーやコギャル旋風が巻き起こりました。 この年リリースされた「CAN YOU CELEBRATE?」はダブルミリオンとなり、邦楽女性ソロアーティストのシングル売り上げ歴代1位を誇っています。

Makeup
メイク

小麦色の肌×細眉のアムラー誕生

安室奈美恵さんが「ヴィセ」のミューズとしてCMに初登場！　小麦色の肌・細眉が印象的な「アムラー」が街にあふれました。

Current
時事

消費税が3%から5%に

当時の内閣総理大臣だった橋本龍太郎氏によって、景気対策のためそれまで3%だった消費税が5%に引き上げられました。

Fashion
ファッション

コギャルの台頭

コギャルとは当時流行のメイクと服装をした女子高生のこと。ルーズソックスや茶髪、細眉などのスタイルが特徴です。つけまつ毛やつけ爪など、派手なメイクもはやりました。

Current
時事

ポケベルからPHSに！

コミュニケーションツールが数字の語呂合わせでメッセージを送っていたポケベルから、PHSに変化。PHSの基地局は半径500mほどの距離しかカバーできませんが、当時、小型電話機は画期的なものでした。

Makeup
メイク

小顔ブーム

安室奈美恵さんに憧れる女性の間で「小顔」がキーワードに。小顔に見せるコスメや、あごを引いて写真を撮るポーズなどが流行しました。

Buzzword
流行語

「失楽園」

不倫を主題とした渡辺淳一氏の恋愛小説。1997年5月に映画化され、大人の女性を中心に支持を集めました。タイトルの「失楽園」はこの年の流行語に。

Current
時事

第1次たまごっちブーム

1996年にバンダイから発売された「たまごっち」が人気となり、入手困難に。授業中にこっそり育てた人も多いのでは？

安室さんが踊る
テレビCMも話題に！

美しい知恵 人へ 地球へ
KOSÉ
茶肌にきらり、モードなニュアンス
ヴィセ ブラウニーメイクアップ誕生
VISÉE
Eye liner
Lip liner
5種19品新発売
ブラウニーニュアンスヴェール(パクト) 4色 各1,800円/ブラ
ニュアンスヴェール(パウダー) 2色 各1,800円/ニュアン
ブラウ 3色 各1,000円/ニュアンスアイライナー 5色 各1.0
リップライナー 5色 各1,000円
コーセーの新製品情報をインターネットでご案内しています。http://www.kose

with **VISÉE**

アムラーブームは
ここからはじまった

1996年に「Don't wanna cry」、「You're my sunshine」、「a walk in the park」がそれぞれミリオンセラーを記録。歌姫としての地位を着実に築いていた安室奈美恵さんが、メイクアップブランド「ヴィセ」のミューズとして初登場。ブラックミュージシャンを思わせる小麦色の肌に、極細の眉、くっきりと縁どられたリップラインが女子高生を中心とした女性に衝撃を与え、社会現象となりました。

Makeup Product

『ヴィセ』
ブラウニーニュアンスヴェール
ニュアンスアイライナー
ルージュブリリア ほか

小麦色の肌をつくる固形おしろいに、細いラインが簡単に描けるアイライナー、シアーな色みのルージュなど、シリーズで売り上げ200万個を記録しました。

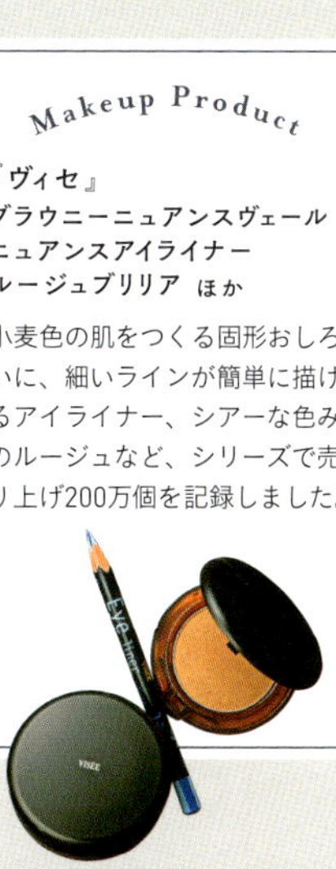

Namie Amuro
1997 »

Namie Amuro 1997 »

ラメツヤグロスで、クールに攻める。
ISÉE
new
でカンタン＆キレイにぬれる
ロス誕生
リップジェリーグロス
1,500円 表示の価格は税抜希望小売価格です。
http://www.kose.co.jp/
VISÉE
Lip gloss
VISÉE
Lip gloss
あのグッドカールマスカラの、透明ロングも同時にデビュー。
ヴィセ　グッドカールマスカラ（透明ロング）2,000円
VISÉE

口紅の上に重ねるタイプ

with **VISÉE**

唇にラメは常識 グロスも流行の兆し

コギャルにとってラメは欠かせないアイテムでした。ヴィセからリリースされたラメがたっぷり入ったグロスも、安室さんを起用した広告の効果もあって大ヒット。グロスブームがはじまったのもこのころです。

Makeup Product

『ヴィセ』
リップジェリーグロス

リップブラシ内蔵で、ラメやパールなどの質感を手軽に楽しめることもヒットの要因に。その後、グロスは持つけれど口紅は持たない女性が増えました。

Play Back »

1999-2001

1990年代終わりから2000年代はじめにかけて、「世紀末」や「ミレニアム」「ノストラダムスの大予言」がホットワードに。このころ携帯電話が本格的に普及し、インターネットを活用したビジネスもはじまりました。

Fashion ファッション

09ファッションと裏原系が人気に

1990年代後半、ギャル系のテナントが渋谷109に入ったことで、09(マルキュー)ファッションがブームに。その一方で古着やリメイクが流行し、ストリートやヒップホップ系などのファッションテイストが「裏原系」と呼ばれました。

Fashion ファッション

「ガングロ」「ヤマンバ」

コギャルが進化したガングロギャルやヤマンバが登場。ブリーチした髪に、真っ黒にやいた肌などのファッションがはやりました。

Makeup メイク

金髪の白ギャルも登場

2000年になると黒ギャルに対して白ギャルが登場。ドーリィメイクや金髪の巻き髪、目もとをぱっちり見せるメイクがトレンドに!

Current 時事

シドニー五輪で金メダル

2000年、女子マラソンでQちゃんこと高橋尚子さんが当時の五輪最高記録を更新し、金メダルを獲得。ラストスパート前のサングラスを投げたシーンが話題に!

Current 時事

カメラ付き携帯電話が発売

いまでは当たり前となったカメラ付き携帯が初登場。のちに写真をメールに添付する「写メール」という言葉も生まれ、携帯電話の歴史を大きく変えました。

Current 時事

人気テーマパークが続々オープン!

2001年3月にユニバーサル・スタジオ・ジャパンが大阪市に、同年9月には東京ディズニーシーが開園。同時にパーク内のディズニーホテル「ホテルミラコスタ」も開業しました。

Fashion ファッション

ローライズジーンズ大流行

股上が浅いローライズジーンズにミュールなど、テイストの異なるアイテムを合わせるミックスコーデが登場! スキニージーンズにブーツインするスタイルも、このころからはじまりました。

with **VISÉE**

カラフルなまつ毛で
視線を独り占め

マスカラの普及にともない、カラータイプのマスカラも登場。安室さんの使用色のターコイズブルーのほか、ピンク、グリーン、ゴールド、ホワイトもあり、トレンドに敏感な女性の間で人気沸騰しました。

Makeup Product

『ヴィセ』
エナメルラッシュマスカラ

ひと塗りでカラフル&ふさふさのボリュームまつ毛を実現。鮮やかな発色は、特にギャル系女子の間で好まれました。塗れば周囲の視線を独占間違いなしでした。

みんながまねした
カラーマスカラ

Namie Amuro
1999

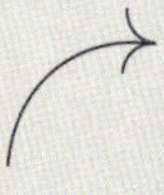

ブルー系のアイシャドウが
人気でした

with **VISÉE**

透きとおるきらめきが女性たちを魅了

　結婚、出産を経て1年ぶりに再始動した安室さんが引き続きヴィセのミューズに。ラメやパールをしのばせ、水のように透きとおる色ときらめく質感でグラデーションをつくるメイクが脚光を浴びました。

Makeup Product

『ヴィセ』
ルージュブリリア（ハッピーキス）（右）
コレクションカラー（アイズ）（左）

1999年の春夏のトレンドを意識したスパイスカラーのリップと、見たままの色が発色するアイシャドウ。安室さんのクールな雰囲気にみんなが憧れました。

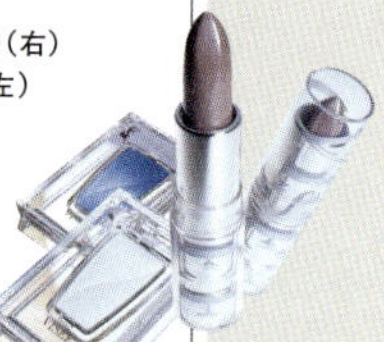

with **VISÉE**

光や質感を重視したモードなメイクが到来

　モノトーンを基調に光や質感で見せるメイクがクール。流行に敏感な女性たちがこぞって安室さんの使用色を買い求めました。CM曲はダラス・オースティン氏がプロデュースした「SOMETHING' BOUT THE KISS」。

Makeup Product

『ヴィセ』
リップルーチェル（上）
コレクションカラー（アイズ）（下）

10代後半〜20代前半女性に向けて発売された秋コスメ。ソフトグレイッシュトーンの口紅にペーストタイプのアイカラー等、都会的な女性をイメージしています。

グリーンのまつ毛で
遊び心を演出

Namie Amuro »

2000

口もとより目もと! が当時のトレンド

with **VISÉE**

マスカラが メイクの常識に

1990年代後半からマスカラブームがはじまり、「ボリューム」「ロング」「カール」 などさまざまなタイプが登場。1997年の広告のクールなイメージから一変、キュートな笑顔を見せる安室さんが話題をさらいました。

Makeup Product

『ヴィセ』
グッドカールマスカラ EX

アイラッシュカーラーを使わなくてもまつ毛をカールできるグッドカールマスカラ。1995年の発売以来リニューアルを重ね、ロングセラー商品となりました。

with **LUMINOUS**

メイクのトレンドは まだまだ目もと重視

20代後半以降向けのメイクアップブランド「ルミナス」に舞台を移した安室さん。リムジンから15人の安室さんが降りてくるCMはインパクト大でした。目もとを強調し、唇はベージュで控えめにするのが当時の主流。

Makeup Product

『ルミナス』
リップスティック

グロスブームを受け、口紅もうるおいやツヤが重視されるように。「安室バージョン」と明記された「BE380」が、その使いやすい色みで人気を博しました。

このころから
茶肌→白肌に

Namie Amuro 2000 »

Namie Amuro 2001 »

ツヤのある唇が色っぽい

with **LUMINOUS**

ミレニアムを機に グロスブームがスタート

2000年代に入るとリップグロスが定番になり、ルミナスからもうるおい重視のルージュが登場。 安室さんが広告で使用した「BE891」は、指名買いが続出するほどの人気商品となりました。

Makeup Product

『ルミナス』アクアリィスパ リップスティック

アクアホールドオイル配合でトリートメント効果が期待できるのが特徴。「エステをしたかのようなみずみずしい唇に仕上がるリップ」と話題になりました。

Play Back »

2011-2013

これまで「ギャル系」「裏原系」とカテゴライズできていたファッションも、2010年以降は型にはまらないスタイルが増えました。メイクはナチュラル、すっぴん風に変化し、美容に関心を持つ男性が増えたのもこの時代の特徴です。

Makeup
メイク

涙袋メイク&血色メイク

涙袋を描いて瞳をうるんだように見せる涙袋メイクや、自然と上気したように見せる血色チークなどがトレンドに。オイル入りコスメも注目されました。

Makeup
メイク

美容男子が急増

2010年代になると、男性の美意識の向上から、メンズのまつ毛エクステなどを扱うサロンが増えました。美容ケアも、性別を問わず入念に行う時代に突入！

Current
時事

ロンドン五輪に熱狂

2012年のロンドン五輪では、前回大会の北京五輪を大きく上回る38個のメダルを獲得。競泳男子メドレーリレーでは史上最高の2位に輝きました。

Current
時事

東京オリンピック再び

2013年には、2020年夏季オリンピックの東京での開催が決定。プレゼンテーションスピーチでの「お・も・て・な・し」はその年の新語・流行語大賞に選ばれました。

Current
時事

LINEがスタート

2011年、無料通話・チャットアプリ「LINE」がリリース。いまやコミュニケーションに欠かせないツールになりました。

Fashion
ファッション

ミモレ丈スカートが登場

短めのトップスをインする着こなしがうけ、ハイウエストのミモレ丈スカートにも注目が集まりました。

Fashion
ファッション

「OJIコーデ」がブームに

2011年ごろ、カーディガンやシャツなどをオーバーサイズで合わせて「かっこいいおじさん風」に着こなすのが人気に。女性があえてメンズライクなアイテムを取り入れる、ユニセックスファッションがはやりました。

with **ESPRIQUE**

安室ルックが同世代のお手本に

約10年のときを経て、20代後半〜30代前半の女性をターゲットにした新メイクアップブランド「エスプリーク」のミューズに安室さんが登場。自分らしさを貫く安室さんの生き方は、ブランドが描く女性像そのものです。

Makeup Product

『エスプリーク』
ブレンドディメンショナル アイズ（シャイニー）
アクアドレープ ルージュ
メルティフィックス チーク

絶妙な陰影が生まれるアイシャドウ、頬に自然なツヤと血色を与えるスティックタイプのチーク、美発色が続くリップ。安室さん効果でいずれも大ヒット。

眉毛は薄太眉が主流に

Namie Amuro 2011

口紅はまだまだ
ベージュが定番

Namie Amuro 2011

with ESPRIQUE

シックでヌーディな“すっぴん風”メイク

1990年代後半のコギャルブーム、2000年代半ばのモテ系、愛され系を経て、メイクのトレンドはナチュラルに。目もとも口もとも色みを抑えた分、ツヤをプラスするのが当時の気分でした。

そんな時代の空気を見事にとらえたのが、2011年のエスプリークの広告です。素顔に近いヌーディなメイクだからこそ際立つ安室さんの美しさに、女性も男性もうっとり。世間の話題をさらいました。

Makeup Product

『エスプリーク』
メロウフォルミング ルージュ

当時の女性たちが口紅に求めていた「つけたときの感触」にフォーカスし、唇に触れるだけでとろけるなめらかなタッチと、濃密なツヤめきを実現。

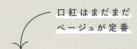

KOSÉ
新感触、
とろける生ルージュ。
MAKE
DRAMATIC.
ひと塗りで、濃密な色ツヤをまとう。
【新発売】エスプリーク メロウフォルミングルージュ（グロウ／カラー）20色
ESPRIQUE

with **ESPRIQUE**

立体的な小顔は
全国の女性の憧れ

街を歩きながら、ゆるく巻いたロングヘアを一つにまとめる……。テレビCMで見せた何気ないのに洗練された仕草と小顔に、多くの女性が釘づけに。広告が追い風となり、ファンデーションもベストセラーとなりました。

Base Makeup Product

『エスプリーク』
フォルミングビューティ パクト UV（モイスチュア）

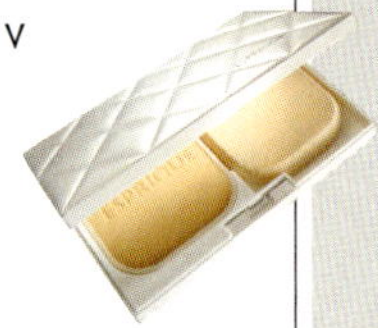

「安室ちゃんのような小顔になりたい」という女性の支持を集めた名品ファンデーション。光をコントロールして陰影際立つ立体的な小顔に。

"盛らない"のが
このころのお約束

Namie Amuro 2011

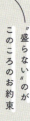

Namie Amuro 2012 »

テレビCMでは
ハーフツインテール姿も披露

with **ESPRIQUE**

赤系リップが
復活の兆し!

これまでルージュはベージュ一辺倒でしたが、このころから赤みがかったベージュが人気に。CM曲「Hot Girls」を収録したデビュー20周年記念アルバム「Uncontrolled」はアジア5か国(地域)で1位を獲得しました。

Makeup Product

『エスプリーク』
ブライトラスティング ルージュ

うるおい、色補正、高発色、落ちにくさ。忙しい女性が求めるすべての要件を満たしたルージュ。エスプリークを代表する名品と、美容マニアの間でも評判でした。

Namie Amuro » 2012

誰もが憧れた赤ちゃん肌

with **ESPRIQUE**

メイクのキーワードは「いやし系」「ゆるふわ系」

2011年を機に、「いやし系」「ゆるふわ系」がトレンドのキーワードに。毛穴をしっかり隠しながらも、赤ちゃんのようにふんわり透明感のあふれる安室さんの肌は、女性たちの“美欲”を大いに刺激しました。

Base Makeup Product

『エスプリーク』
フォルミング ビューティ パクト UV（ラスティング）

スーパーフラットパウダーとルーセントウェアパウダーが毛穴や色ムラをしっかりカバー。リピート買いする女性が後を絶ちませんでした。

with **ESPRIQUE**

「大人かわいい」を
みんながめざした

「大人のBaby肌」シリーズの第2弾。ピンクベージュのメイクは、当時のホットワードだった「大人かわいい」という表現がぴったり。いまに続く太眉ブームは、このころからはじまりました。

Base Makeup Product

『エスプリーク』
濃密うるおい 美容液下地

美容液効果を加えた濃密うるおいベースが、毛穴レスな透明感を長時間キープ。ラクして美肌を保ちたい女性に愛用された、名品下地です。

安室さん当時35歳
その美肌は同世代の希望でした

with **ESPRIQUE**

ルージュとグロス
1本でOKな機能性が好評

97ページに登場した「スマートルージュ」のグロウタイプ。真っ白なファーのフードをかぶった安室さんが、雪に向かってふっと息を吹きかけるCMが話題に。その美しさにドキッとした記憶がある人も多いのでは？

Makeup Product

『エスプリーク』
ブライトラスティング
ルージュ（グロウ）

ホリデーシーズンにぴったりなカラーと濃密なツヤ感が特徴。大切な日の唇をたくす"勝負リップ"として買い求める女性が続出しました。

ルージュ↓グロスの重ねづけの手間が省けると好評でした

Namie Amuro 2012

Namie Amuro 2013

KOSÉ
終日、大人のBaby肌。
気になるところを
しっかりカバー。
なのに素肌っぽさ、つづく。
ESPRIQUE

テレビCMでは
メガネ姿やウインクを披露

with **ESPRIQUE**

24時間きれいでいたい 女性のニーズに応える

素肌っぽさを追求したメイクの流行が続くなか、「大人のBaby肌」シリーズ第3弾が登場。「仕事終わりまで大人のBaby肌が続く」というコンセプトが、キャリアガールのニーズに見事にマッチしました。

Base Makeup Product

『エスプリーク』
ビューティフルスキン
パクト UV

なじませ密着パウダーが皮脂となじんでペースト状に変化。気になるところをしっかりカバーし、素肌のような仕上がりに。大人っぽいケースも好評でした。

Namie Amuro »

2013

印象的なまなざしと
ツヤツヤリップにドキッ

with **ESPRIQUE**

リップメイクも
重視する時代に

2013年、メイクはかわいい系から女っぽさ重視にシフト中。リップも濃いめが好まれるようになりました。そんな時代の空気感を安室さんが完璧に体現しています。CMのおとぎ話のような世界観も新鮮でした。

Makeup Product

『エスプリーク』
ルージュ ステイマジック
（エッセンスリキッド）

「色・ツヤ・うるおい」が長く続き、落ちにくいリキッドルージュ。その名のとおり、多くの女性たちに「きれい」の魔法をかけてくれました。

with **ESPRIQUE**

上気したような頬と うるツヤリップが流行

頬の高い位置にチークをのせ、恋する少女のような表情を見せる安室さん。テレビCMでは空に伸びたはしごの上でキスをするシーンもあり、「ドキドキする！」「相手役は誰!?」とネット上で大騒ぎになりました。

Makeup Product

『エスプリーク』
ルージュ ステイマジック
（エッセンスリキッド）

ESPRIQUE

LOVE ROUGEことルージュステイマジックに新色4色が仲間入り。大切な人と会うときには必ずつけるという女性も多かったようです。

KOSÉ
新しい
クチビルで
恋をする。
リキッド史上※、最愛のうるおい、つづく。ラブルージュ
ESPRIQUE
LOVE
ROUGE
ESPRIQUE

恋するリップ（LOVE ROUGE）として話題になりました

Play Back ››

2018

平昌五輪やサッカーW杯ロシア大会開催など、スポーツ界の話題に事欠かなかった2018年。一方で、安室奈美恵さんの引退、「平成最後の」というフレーズの流行など、一つの時代の終わりと、新しい時代の幕開けを感じさせる出来事も目立ちました。

Fashion
ファッション

「縦見え」スタイルが旬

トップスインやベルトマーク、ハイウエストパンツ&スカートが流行しました。Iラインを強調してすっきり見せるスタイルが人気に。

Current
時事

平昌五輪開催

2018年2月には、韓国の平昌で冬季オリンピックが開催されました。スピードスケート女子チームパシュートの金メダル獲得など、日本中が熱狂に包まれました。

Makeup
メイク

コントゥアリングメイク

海外でも人気の「コントゥアリングメイク」が注目されました。顔に光と影を描くことで立体感が生まれ、キュッと小顔に見えます。メリハリのある顔印象に!

Buzzword
流行語

「そだねー」

平昌五輪でカーリング女子日本代表チームが発した「そだねー」が新語・流行語大賞を受賞しました。同大会での「もぐもぐタイム」も話題に。

Current
時事

平成最後の年

2019年4月30日の天皇退位にともない、平成は幕を閉じ、新しい時代がはじまります。SNSでは「#平成最後の」がトレンドワードになりました。

Makeup
メイク

史上最大の赤リップブーム到来

眉毛はバブル期を彷彿させる太眉やボサ眉がスタンダードに。アイメイクはシンプルにして、リップではっきりとした色をプラスするメイクがトレンドになりました。

Current
時事

安室奈美恵さん引退

日本中に衝撃を与えた安室奈美恵さんの引退宣言。2018年2月より「namie amuro Final Tour 2018〜Finally〜」を開催し、多くのファンに惜しまれながら同年9月16日をもって引退。

Namie Amuro 2018

with **Visée**

メイクも、生き方も
みんなあなたになりたかった

1997年から1999年までイメージキャラクターを務めていた安室さんが、約20年ぶりにヴィセの広告に登場！テレビCMも放送されましたが、販売前から予約が殺到し、あっという間に完売してしまったため、わずか1週間で終了に。「みんな、あなたになりたかった」というCMのキャッチコピーに多くの女性がうなずきました。

ゴールドブラウン系、ボルドーブラウン系、グレイッシュブラウン系の3色でした

NAMIE AMURO × KOSÉ

Namie Amuro » 2018

黒のスーツ姿がスタイリッシュ！

with Visée
安室さん×コーセーらしいファイナルプロジェクト

　2018年、コーセーは20年以上にわたりパートナーとしてともに歩んできた安室さんの引退にともない、「NAMIE AMURO×KOSÉ ALL TIME BEST Project」を展開しました。これは、安室さんの軌跡を振り返り、感謝の気持ちを伝えるというもの。プロジェクト第1弾では安室さんが出演したコーセーの全テレビCMとポスターが見られる限定サイトが公開され、大きなニュースとなりました。

　プロジェクトのファイナルを飾ったのが、安室さんとのコラボレーション商品「アイカラーパレット NA」です。コスメのパッケージに人の顔写真が使われるのはあまり例がなく、モノクロを基調としたポスターも化粧品の広告としてはかなり斬新。自分らしい生き方で女性に勇気を与えてきた安室さんと、その姿を広告を介して伝えてきたコーセーならではの、最後にふさわしい作品といえます。

Makeup Product

『ヴィセ リシェ』
NAMIE AMURO limited palette
アイカラーパレット NA

安室さんがカラーをセレクトした限定品。パッケージには今回のために撮り下ろした安室さんの顔写真がデザインされ、ファンの心をくすぐりました。

Interview 3

ヘア＆メイクアップアーティスト

中野明海さん

表現していたのは「いま」よりも少し先だからみんなが憧れた

コーセー、そして“平成の歌姫”の美は
どのように生まれたのでしょうか。
コーセーの広告と安室奈美恵さんのヘアメイクを
数多く手がけてきた中野明海さんに
お話をうかがいました。

Photographer: Keiichi Suto

Profile

ヘア&メイクアップアーティスト。1961年生まれ。子どものころから化粧品やメイクアップ、ファッションの世界に憧れ、1985年よりフリーのヘア&メイクアップアーティストに。その人の魅力を最大限に引き出すメイクに、多くの女優、アーティストが絶大なる信頼を寄せる。なかでも、安室奈美恵さんとはデビュー当時からの付き合いで、コーセーの撮影でも安室さんのヘアメイクを担当。「KOBAKO ホットアイラッシュカーラー」「キャッチライトレンズ OvE」など化粧品やツールのプロデュースも行う。5月にはなんと、初のレシピ本「美しい人は食べる！」(主婦と生活社)が発売。

――ヘア&メイクアップアーティストの中野さんから見て、コーセーはどんなイメージですか?

コーセーさんといえば、「ファンデーションがいい」というイメージ。高校生や短大生時代、メイクが楽しくてしかたなかったころから、「ファンデーションはコーセー」と思っていました。

もう一つ、思い出深いのが美容液の「R・Cリキッド」です。確か私が学生のころだったから、発売されてから40年くらいになるのかな。いまでこそ「美容液」というジャンルは当たり前にありますが、当時はなかったんです。化粧水でも、乳液でも、クリームでもない「美容液」ってあるんだ! と驚いたのをよく覚えています。後年、パウダーファンデーションも、美容液というカテゴリーも、コーセーさんが日本ではじめてつくったと知りました。

だから、私のなかではコーセーさんは、「新しいところを攻めていくブランド」という印象がありますね。

ミューズの美しさをいかに引き出すか

――コーセーの広告でも多くの女優さんのヘアメイクを担当されています。ヘアメイクをするうえで気をつけていることはありますか?

女優さんに限らず、メイクをする際は「生き物としてみずみずしい」仕上がりを心がけています。よほどテーマがない限り、程よいツヤとハリがある肌に仕上げます。時代時代のトレンドはあるけれど、みずみずしく見せるというのは、メイクのもっとも基本的なテーマだと個人的には思っています。

あとは、女優さんはみなさんとてもきれいなので、それをどうやってもっと引き出すか。たとえば、素顔が本当にかわいくて、「このまま出したい」と思う女優さんでも、撮影用の強烈な照明の前では繊細なかわいさは白飛びしちゃうんです。だからといって、アイラインを入れたり、眉をしっかり描いたりして足せばいいかというと、そうとも限らない。足しすぎると今度はフレッシュさが失われてしまいます。私の仕事は〝メイクアップ〟すること。〝メイクダウン〟になっては大変なので、この「足す」と「引く」のバランスはとても悩みます。どちらかといえば「どう足すか」より、「どこでやめるか」を考えているかもしれません。

「メイクの基本は〝みずみずしさ〟足しすぎは禁物」

Skincare Product

R・C リキッド プレシャス

1975年に発売された業界初の"美容液"。4年後に発売された「モイスチュアエッセンス」とともに、スキンケアに美容液というカテゴリーをつくり出しました。

——安室奈美恵さんのヘアメイクも担当されてきました。安室さんはどんな人でしたか？

　やさしくておもしろくて、頭の回転の速い人。彼女が14歳のとき、はじめて仕事で会いました。「ダンスはすごいのにおとなしい子なのね」という印象でした。ただ、これには理由があって。引退間近になって、「明海さんとスタイリストさんの名字が似ていたから、『名前を間違えちゃ絶対にだめだ』と緊張してしまって話せなかったんですよ」と教えてくれたんです。かわいいですよね。

　「名前を間違えちゃいけない」と緊張してしまう礼儀正しさは、大人になっても、打ち解けてさまざまな話をするようになってからも変わりません。私のアシスタントになったばかりの子にも「はじめまして」「お願いします」「ありがとうございます」などと普通に話をしてくれる。「田舎から出てきた新人の私にもやさしく話してくれた……」と感激して泣いちゃった子もいるくらい。本当にすてきな人なんです。

強さもかわいさも表現できる理由

——中野さんが考える、安室さんの美しさの秘訣とは？

　漫画で描かれる「かわいい顔」って、顔の下のほうに目があるんですよね。奈美恵ちゃんはまさにそれ。おでこが

Base Makeup Product

フィットオン

ファンデと仕上げの粉おしろいを一緒にした日本初のパウダーファンデーションがこちら。1976年発売。なお、2ウェイファンデもコーセーの発明。

Akemi's Comment on Memorable Posters

細眉×小麦肌のアムラーブームはここからはじまりました

「アムラーメイク」がここからがらっと変わりました

15人の奈美恵ちゃんを“つくる”作業が楽しかった（笑）

丸くて全部のパーツがキュン！と詰まっていて、さらに余白がない。目と目の距離も絶妙なんです。メイク映えするという意味では、両目の距離が短い人よりも、両目がちょっとだけ離れている人のほうが有利です。目が少し離れているほうが、目頭まわりにもメイクできるスペースがあってイメージを自由自在に変えられるから。奈美恵ちゃんは目の位置がちょうどよくて、それが彼女の愛くるしさにもなっているし、だからこそ、強いメイクもかわいいメイクもいけちゃう。これはスーパーモデルのケイト・モスも同じです。

あとは骨格ですね。特に、頭と、首の長さと、肩幅のバランスが本当にすばらしいの。髪の毛を一つに結んでピタピタのタートルネックを着ているときがいちばんきれいだったりする。一緒に仕事をするたびに「きれいだな」って思って見ていました。

——コーセーの広告撮影で何か印象に残っている出来事はありますか？

忘れられない思い出ばかりですが、最近であれば、2018年にオンエアされた奈美恵ちゃんのコーセー最後のCMですね。奈美恵ちゃんは直観力があって、常に自分を俯瞰で見ることができる人。最後のCM撮影のときも、私が送風機で風を送る係をやっていましたが、奈美恵ちゃんは私のやりたいことを瞬時に理解してくれるんです。「右から風を送っているから、顔をこの角度にしたら髪がいい具合にふわっとなるはず」って。息が合わないと髪がただ後ろに流れたり、乱れたりするんだけど、奈美恵ちゃんはそういうことが一切ない。できあがったCMも本当に美しくて繊細で、感激しました。

「やさしくて、礼儀正しい。
奈美恵ちゃんは
本当にすてきな人」

Akemi Nakano

―安室さんのメイクやファッションはいつの時代も女性たちに大きな影響を与えました。安室さんはなぜ、多くの女性たちの憧れになり得たのでしょう？

奈美恵ちゃんはいつも、みんなが見ているところよりもほんのちょっと先の部分をキャッチして、それを表現していたと思うんです。その「ちょっと先」の距離感が絶妙だったんじゃないかな。

奈美恵ちゃんがもし誰も見たことのないパリコレでしか発表されないようなメイクやファッションをチョイスする人なら、誰もまねできないですよね。手が届かないほどの「先」ではなくて、でも、そのときの流行の「ちょっと先」のメイクをして服を着ていた。そのうえ歌って踊れてかっこいいから、それはみんな憧れますよね。

あとはやはり、控えめな性格にやどるミステリアスなところも、こんなにたくさんの人に愛された理由だと思います。

自分らしいメイクの見つけ方とは

―安室さんのコーセー最後のCMのキャッチコピーは「I am I」でした。トレンドを追いかけるだけではない、自分らしいメイクを見つけるコツを教えてください。

若い女の子を見ていると、いまだったら自然な太眉にティントの赤リップが多いですよね。もちろんそれもかわいいし、友だちと同じでいたい気持ち

Akemi's Comment on Memorable Posters

CMで息をふっと吐く場面が美しくて、めまいがしました

奈美恵ちゃんのピンクのアイシャドウはけっこうレアです

黒いスーツ姿が美しくて、神がかっていました

Akemi Nakano

もわかるんだけど、もっと好き勝手でもいいのにと思います。「一重まぶたが嫌い」「唇が厚いのが嫌」などというコンプレックスをメイクで隠すのではなく、まずは自分の個性を全肯定してみる。だって、一重まぶたも厚い唇も、とてもかわいい個性だから。個性は宝です。自分にしかない魅力と向き合って自分らしいメイクを見つける。それこそが自分をいちばん好きになる方法だと思います。

また、メイクはコミュニケーションスキルでもあります。「近寄りがたい人だなあ」「もしかして疲れてる？」と思われるよりは、「やさしそう」「はつらつとしている」と思われるほうがいいじゃないですか。そのためにもメイクは、笑った顔が美しく見えることが大切。美しいというのは造形的な意味だけでなく、親しみやすいとか、健康的に見えるとか、清潔感があるとか、そういうプラスのイメージをひっくるめた「美しさ」。どんな人も明るく笑っている姿はすてきです。メイクはそれを引き立てるためのもの。だからこそ、「メイクしなくちゃ」と義務のように感じるのではなく、服を着るのと同じくらいの感覚で、もっと気軽に毎日違う気持ちでメイクに向き合えるといいですね。

こり固まらないことも大切だと思っています。どんなメイクも洗えば落ちるんだから、いくらでもトライアル＆エラーしたらいい。そして、「いいな」と思ったメイクも1年後には違っているかもしれないから、そうしたらまたいろいろと試してみる。新しいものに向き合って、そのたびに新しい自分を発見して、「私、いいじゃん」と少しでも思うことができたなら、メイクも毎日も、もっと楽しくなると思うんです。

個性は宝。メイクをもっと自由に楽しんでほしい

Chapter

7

Active,
beautiful
woman

Be Active!

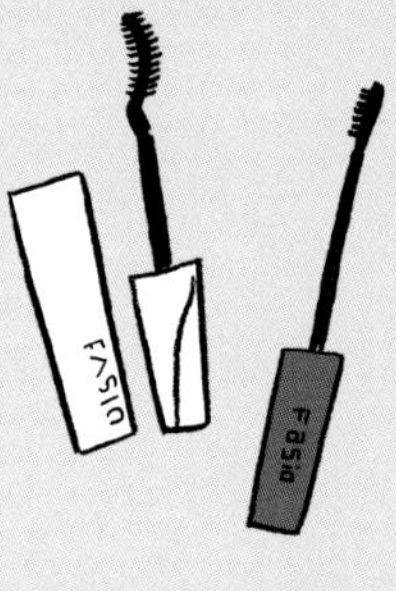

メイク直しを気にせずに一日をすごせたら、どれほど気が楽になることでしょう。

朝、きちんとメイクをしたはずなのに、日中ふと鏡を見てギョッとした経験が、女性なら一度はあるはずです。

2000年のデビュー以来、「ファシオ」は**持続力を高める素材**と**最先端のテクノロジー**で、がんばる女性たちの「きれい」を守ってきました。汗や水に強いウォータープルーフシリーズはその好例です。

仕事に打ち込む日も、思い切り遊ぶ日も、大切な人と会う日も、メイク崩れを気にせずにいられたら、もっと自信を持てる。いつでも前向きでいられる。

「ファシオ」の広告とミューズたちの前向きな姿からは、**アクティブ**な**すべての女性**を応援したいというコーセーの想いが伝わってきます。

Makeup Product

『ファシオ』
ハイパーステイマスカラ
ショックフリー

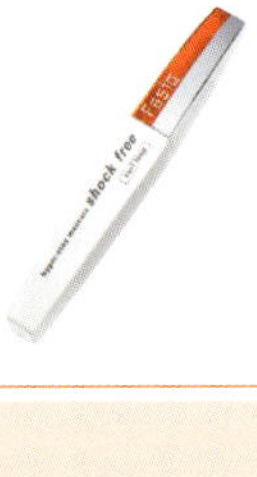

ウォータープルーフ×衝撃プルーフで摩擦などによるにじみを軽減。上戸さんが目をこすっているテレビCMで落ちにくさが話題になりました。

Aya Ueto
with Fasio

’08

●上戸彩

こすってもにじまない
デカ目メイクの必需品

「ファシオ」の主なターゲットは、10代後半〜20代前半のアクティブな女性。そのイメージにぴったりだという理由から、2007年よりイメージキャラクターに起用されたのが上戸彩さんです。当時は“盛りメイク”ブームのまっただなか。多くの女性が、マスカラの重ねづけやつけまつ毛などを駆使して、目をできるだけ大きく見せようと努力していました。そんななか、上戸さんが何度も目をこすり、それでも落ちないファシオの機能性を「ショックフリー」と謳った広告が大当たり。「ファシオ ハイパーステイマスカラ」は1300万本を売り上げる大ヒット商品となり、ファシオ＝マスカラというイメージを確立しました。

Makeup Product

『ファシオ』
ハイパーステイマスカラ ディープトリック
（カールロング/カールボリューム）

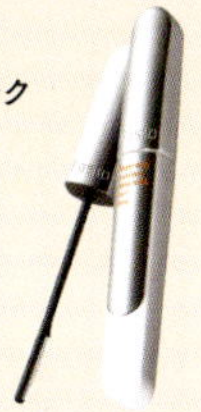

ディープトリックパウダー配合で色濃度が高く、深みのある発色を実現。「パンダ目になるのは絶対に嫌」という女性たちに愛用されました。

Makeup Product

『ファシオ』
ラッシュブルーム
クリエーター

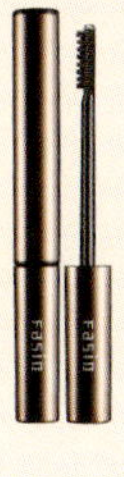

コイルブラシがまつ毛の一本一本に密着し、根もとからしっかりボリュームアップ。たっぷりつけてもダマになりにくい仕様も好評でした。

’15

Base Makeup Product

『ファシオ』
ミネラル ファンデーション

イオン吸着成分配合で、マグネットのように肌にぴったりと密着。肌への負担感が少なく、化粧もちがよいのが特徴で、多くの女性に愛用されています。

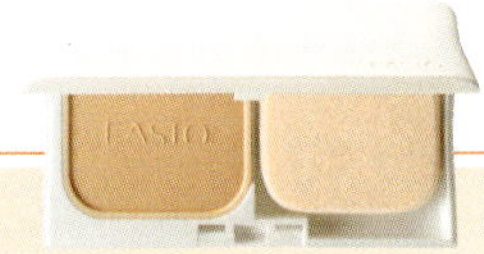

Mirei Kiritani

with FASIO

●桐谷美玲

ファシオの新ミューズが旬メイクを表現

2012年、ファシオのイメージキャラクターは、モデルや女優として活躍する桐谷美玲さんにバトンタッチ。このタイミングでブランドも全面リニューアルされ、新ミューズ×新生ファシオの広告は、公開されるたびに大きな反響が寄せられました。ここに掲載したポスターは2014年と2015年のもの。肌も目もともつくり込みすぎないメイクは、“抜け感”が重視されるようになった当時の“旬の顔”でした。

Makeup Product

『ファシオ』
スマートカールマスカラ
（Wカール/ボリューム/ロング）

「ダマになりにくい」「アイラッシュカーラーを使わなくても上向きになる」「美しいカールが続く」の3点が評価され、ベストコスメアワードも受賞した逸品。

’14

KOSÉ
こんどのファシオは、
ミネラル
なのに
くずれない。
New
FASIO
PORE
CLEAR
FASIO
マグネット処方で、ファンデと下地がピタッと密着。
ふんわり、やさしいキレイが1日*つづく。
ファシオ　ミネラル　ファンデーション（レフィル）　耐水性テスト済　5色　各1,500円（税抜）SPF25／PA++
ケース別売　500円（税抜）
<化粧下地>　ファシオ　ミネラルベース　ポアクリア　25g　1,200円（税抜）SPF25／PA++
アレルギーテスト済み／パラベンフリー／ニキビのもとになりにくい処方／無香料
［PC/スマートフォン］fasio.jp　ファシオ　検索
“メイクの未来を科学する”ファシオ
FASIO

E-girls

with **FASIO**

'15

Makeup Product

『ファシオ』
スマートカール マスカラ
（ボリュームEX）

汗・水・涙・皮脂にもにじみにくく、ひと塗りで上向きのふさ盛りまつ毛を実現! E-girlsに憧れる女の子たちがこぞって買い求めました。

Makeup Product

『ファシオ』
パワフルフィルム マスカラ
（ロング）

ひと塗りで瞬時にカールロックしてくるんとしたまつ毛が1日続きます。にじみにくいのに、お湯で簡単にオフできるフィルムマスカラ。

Yua Shinkawa

with **FASIO**

● **新川優愛**

新ミューズが 女性の憧れを体現

2019年からは女優・タレントとして活躍する新川優愛さんがファシオのミューズに。長く上向きのまつ毛は、いつの時代も変わらず多くの女性たちの理想です。

● **Dream Ami・楓・**
藤井萩花・藤井夏恋・佐藤晴美（右）
● **楓・佐藤晴美（下）**

トレンドも、化粧もちも どちらもかなう

2015年からファシオのイメージキャラクターを務めたのが、EXILEのDNAを受け継ぐ「E-girls」です。圧倒的な歌唱力とダンスパフォーマンスで人々を魅了するE-girlsがファシオの機能性をアピールする広告は、アクティブに生きる女性たちの心をつかみ、ブランドイメージの確立に大きく貢献しました。

Makeup Product

『ファシオ』
パワフルカール マスカラ EX
（ロング）

短いまつ毛を根もとからキャッチする極細ブラシで、どんなまつ毛もロング＆カール固定。エクステなしでも、上向きボリュームまつ毛が持続。

Chapter

8

Our true colors

「私らしく、あなたらしく」

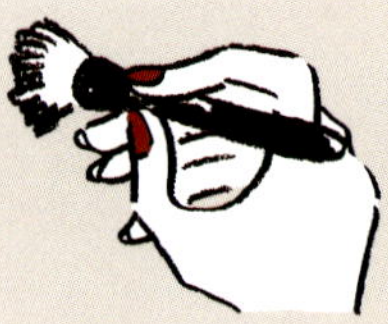

美しい人。それはどんな人をいうのでしょうか。
生まれつき整った顔立ち。一つの欠点もない白い肌。隙のないメイク。
確かにどれも美しいのは間違いありません。けれど、それだけが美しさの条件ではないように思うのです。

答えを探しているとき、ふと浮かんだのが**「ルシェリ」**と**「エルシア」**の広告でした。
エイジング世代に向けた二つのブランドのミューズたちは、ときに高らかに年齢を宣言し、また、屈託のない笑顔を見せます。その姿から感じるのは、年齢を重ねることへの**ポジティブな姿勢**です。

人は誰もが老います。シミ、シワ、たるみといったエイジングのサインと無縁でいられる人はいません。けれど、それを受け入れて、なおかつ、自分らしいスタイルを楽しめる人こそが、年齢はもちろん性別をも超えて「美しい」といわれるのではないでしょうか。

メイクの楽しさ、美しくなる喜び。
コーセーの広告には、**大人の女性**が**毎日をより豊かに**、**自由にすごす**ためのヒントがあります。

Skincare Product

『ルシェリ』
リフトグロウ ローション
リフトグロウ エマルジョン

浸透力に優れたイオン化カプセル配合で、うるおいが角層奥深くまで届きます。季節や体調の変化による乾燥を防ぎ、ハリツヤのある肌に導きます。

'18

●井川遥

30年近くのときを経て あのルシェリが再デビュー

「ルシェリ」というブランド名を聞いて「懐かしい!」と思った人もいるかもしれません。ルシェリは1990年代に人気を集めたコーセーの若者向けブランド。当時10代だった女優の水野美紀さんが、唐沢寿明さんに「ねェ、チューして」とせがむテレビCMは、1992年のオンエア時、大きな話題になりました。そのルシェリが、2018年にエイジングケア※ブランドとして再デビュー。イメージキャラクターに井川遥さんを迎え、エイジング世代にハートリフトなスキンケアを提案しています。

ハートリフトとは、年齢とともに立体感を失う頬にハリツヤを与え、ハートのようなふっくらとした印象がアップすること。ポスターで、そしてCMでにこやかに笑う井川さんの表情は、まさにハートリフトそのもの。同世代の女性の憧れを大いに刺激し、デビュー後わずか２ヵ月で、同価格帯のエイジングケアブランドにおいて過去最高の売り上げを記録しました（コーセー内において）。

※年齢に応じたお手入れ

Haruka Igawa
with LECHÉRI

KOSÉ
頬にハリツヤ。
ハートリフト
しよう。
LECHÉRI
LIFT GLOW LOTION II
KOSÉ
ルシェリ リフトグロウ ローション II とてもしっとり
LECHÉRI
LIFT GLOW EMULSION II
KOSÉ
ルシェリ リフトグロウ エマルジョン II とてもしっとり
LECHÉRI
肌の奥からグッと、
ハリツヤ弾ける立体感。
ルシェリ、誕生。

●小泉今日子

明るい笑顔は
同世代の女性の憧れ

2014年3月、「エルシア」のイメージキャラクターとしてはじめて、小泉今日子さんのテレビCM「明るい顔」篇がオンエアされました。「小泉今日子48歳。年齢は隠しませんが、正直、シミやくすみは隠したい」。年齢を堂々と宣言し、肌悩みを率直に語る小泉さんのCMは反響を呼び、「自然体のキョンキョンに元気をもらった」「同世代の女性の本音を代弁してくれた」との声が多数寄せられたとか。2014年のトレンドカラーの一つだったピンクを、目もとと口もとの両方に用いたフレッシュなメイクも注目を集めました。

Kyoko Koizumi
with **ELSIA**

'14

Makeup Product

『エルシア』
顔色アップ リップスティック

顔色をパッと明るい印象にして、ふっくらツヤのある唇に。なめらかな塗り心地と発色のよさで、50代はもちろん、40代、30代にもひそかに人気でした。

明
よ
小泉今日子48歳。
年齢は隠しませんが、正
そこでエルシア。ひと塗
気になるものぜーんぶ隠
なのに厚塗り感ナシ、明
これ、ちょっとスゴイで
シミ・くす
きれいに
自然に明
明るさアップ フ
コーセー エルシア
ELSIA

Base Makeup Product

『エルシア』
明るさアップ ファンデーション

ひと塗りでパッと明るく、若々しい印象に仕上げる2色ファンデーション。シミ・くすみ、血色のなさが気になる女性の間で好評でした。

ELSIA

て、
!
場。
ポンポンおいて、リフトアップ[※]!
ELSIA

●鈴木京香

大人のメイクを
もっと楽しく！

エルシアは、高品質でありながらリーズナブルで、確かな仕上がりを提供する大人のメイクブランド。「メイクをもっと楽しく、華やかで上品な顔に仕上げる」をテーマに掲げ、大人の女性に親しまれています。

2018年からイメージキャラクターを務めるのは鈴木京香さん。鈴木さんのはじけるような笑顔は、年を重ねることを前向きにとらえる女性の象徴。トレンドを取り入れつつも大人の上品さを失わないメイクとともに、同世代の女性たちのお手本となっています。

Base Makeup Product

『エルシア』
プラチナム
クイックフィニッシュ BB リッチモイスト

下地いらず＆スポンジ一体型で、肌に直接ポンポンと塗布できる手軽さがうけています。「この実力でこの価格」のコピーのとおり、値段も魅力。

'18

Chapter

9

SEKKISEI

SAVE the BLUE

「あなたが美しくなると、地球も美しくなる。」

「地球温暖化の影響により、サンゴ礁が絶滅の危機に瀕しています」
「自然の森が急速なスピードで失われつつあります」
環境問題のニュースにふれるたび、「何かしなくちゃ」と思う気持ちは嘘ではありません。けれど、めまぐるしくすぎる日々のなかで、いつしか、何かしなくちゃと思ったことさえ忘れてしまいます。

そんな自分にもできることがあると知ったのは、**雪肌精「SAVE the BLUE」**プロジェクトのポスターがきっかけでした。

「SAVE the BLUE」プロジェクトは、コーセーが２００９年にスタートさせた**環境保全活動**です。「雪肌精」の**売り上げの一部**が、**沖縄のサンゴ**や**東北地方の森**への**植樹**といった、**青く美しい地球**を**未来**につなげるための取り組みに使われます。

スキンケアやメイクをするたびに、私たちも、地球も美しくなる。

そう思うだけで、スキンケアやメイクがもっと楽しく、よりハッピーになるような気がするのです。

Profile

1989年3月6日生まれ。EXILE、三代目 J SOUL BROTHERS from EXILE TRIBE のパフォーマー。2018年は「去年の冬、きみと別れ」「Vision」「パーフェクトワールド　君といる奇跡」と3本の映画出演に加えて、ドラマ「崖っぷちホテル！」で主演を務めるなど、俳優としても活躍。2019年6月7日には映画「町田くんの世界」が公開。

Interview 4

雪肌精「SAVE the BLUE」プロジェクト
アンバサダー

岩田剛典さん

地球も、人も。
美しくあるために
いま、できること

「SAVE the BLUE」プロジェクトのアンバサダーとして、
沖縄でサンゴの苗づくりを体験した岩田剛典さん。
活動への想いや女性の美しさについて語っていただきました。

Photographer:Yuuki Kuwabara　*Hairmake*: Shinya Shimokawa　*Stylist*:Yasuhiro Watanabe(W)

Takanori
Iwata

美しい海を
みんなで守りたい

――「SAVE the BLUE」プロジェクトのアンバサダーとして沖縄でサンゴの苗づくりを体験されました。感想を聞かせてください。

苗づくりでは、生きているサンゴの根もとをハサミで切り分けて、砂と海水で固定する作業をやらせていただきました。生きたサンゴに触るのはもちろんはじめて。思ったより硬いなあとか、でも意外とデリケートで体温が移らないように手早く作業しなくちゃいけないとか、発見の連続でした。自分で株分けしたサンゴは〝マイサンゴ〟ではないけれど、愛着がわきましたし、今後も見守っていきたいと感じました。エンターテインメントの世界で活動している人間として、日ごろの活動が少しでも何か、誰かの役に立てればと思っているけれど、実際に現場に足を運んで活動する機会はそれほど多くありません。だから今回、沖縄の海とサンゴの美しさを自分自身で感じられて、環境を守っている方の話を直接聞けたのは、本当に貴重な経験でした。

――環境に対する意識に変化はありましたか？

海の美しさと、サンゴ礁が海の生態系において重要な役割を果たしているということを目の当たりにして、「この環境を守らないといけない」という気持ちが自然とわき起こってきました。同時に、「次の世代にも『守りたい』と思ってもらうためにも、僕たちがいま、がんばらなければいけない」とも感じたんです。そのためにいま僕にできるのは、「SAVE the BLUE」プロジェクトを多くの人に知ってもらうこと。このプロジェクトはもう10年も続いていて、実際に現地に行かなくても環境保全に貢献できる仕組みになっています。雪肌精の対象商品を買うという消費活動がサンゴや森を守ることにつながるんです。きれいになれて、環境も守れるなんて最高じゃないですか？ 多くの人にこの活動を知ってもらえればうれしいですし、自分にやれることがあれば積極的にやっていきたい。環境問題は日本だけでなく、世界中で取り組まなくてはいけない問題です。ひとりの力で環境を守るのは難しいけれど、みんなで力を合わせれば守っていけると信じています。

「きれいになれて環境も守れる。
最高ですよね」

Takanori Iwata

理想の自分に近づくために

――スキンケアに気を使う男性やメイクをする男性が増えつつありますが、岩田さん自身はいかがですか？

洗顔後は化粧水と乳液を塗って、冬は唇が乾燥しやすいのでリップクリームを塗る程度。僕自身、スキンケアは必要最低限という感じです。日やけ止めも夏場のロケ以外はしません。ただ、美容のためというわけではないのですが、入浴で汗をかくようにしています。もともとサウナが好きということもあって、45℃くらいの熱いお湯にゲルマニウム入浴剤を入れて半身浴するのが好きで。すっきりして顔のむくみもとれますし、体も温まります。

食事は筋肉が落ちないようにたんぱく質を意識してとったり、ビタミン系のサプリメントを飲んだり。健康や美

雪肌精「SAVE the BLUE」の2018年のポスター。
岩田さん効果で、特に10代、20代の女性の間で
「SAVE the BLUE」の認知度が高まりました。

容情報をEXILE、三代目J SOUL BROTHERSのメンバーと交換することも多いです。みんなけっこう詳しいんですよ。以前は、「何もしないのが男の美学」といった空気がありましたけど、いまはちょっと変わってきていて、男性全体の美意識が高くなっていますよね。僕はすごくいいと思います。

――年を重ねることをネガティブにとらえる女性は少なくありません。岩田さんはどう感じていますか？

　2019年で30歳。30代になるからにはしっかりしなきゃ、とは思うんですけれど、自分が変わるというよりは、周囲からの見られ方が変わるのかなと感じています。たとえば、10代、20代のときだったら「生意気だ」と思われるような発言も、30代になったらきちんと受け止めてもらえるようになるとか。30代になってようやく取り繕わない生の声を届けられるのではないかと思っていて、それが楽しみだし、わりとポジティブに考えています。

「30代には30代の 40代には40代の 美しさがあると思う」

　女性の場合はちょっと違うのかな。年を重ねるのを嫌がる女性は多いのかもしれません。でも、年齢相応の美しさがきっとあるはずなんですよね。10代、20代にしかない美しさもあれば、30代なら30代の、40代なら40代の、若いころにはない色気や美しさがあると思う。その年その年の美しさを楽しむというマインドに切り替えたほうが、毎日を楽しくすごせるのではないでしょうか。

恋をすることも大切だと思います。何かに恋をしていて、「好きだ」「楽しい」という感情がわき出ると自然に笑顔になれますよね。誰もがいろいろな悩みを抱えていて、いいことばかりじゃないだろうけれど、それでも笑顔で楽しそうにしている人はまわりを明るくします。

そういう女性の笑顔に出会うと僕自身テンションが上がりますし、すてきだなと思います。だから、いくつになっても本気で恋できるものを見つけられたらいいですよね。

——きれいになるために、スキンケアやメイクをがんばっている女性にメッセージをお願いします。

仕事柄、軽くメイクをしてもらうことがあります。映画の撮影で眉毛をキリッとさせると気持ちもキリッとするし、ミュージックビデオの撮影でアイラインを引いてもらうと日常とはかけ離れた気分になるので、メイクは面白いなと思います。

一方で、メイクをするとちょっと肩がこる感じもあって、できることならすぐに落としたい。だから、日々メイクをする女性は大変だなという気持ちもあります（笑）。

でも、「きれいになりたい」「美しくなりたい」と思って、スキンケアやメイクをがんばる女性はとても魅力的です。美を追求する気持ちや行動は、「仕事で成功したい！」と考えて一生懸命働くのと同じだと思うんです。未熟な自分や理想とは違う自分を認めることも必要だし、家族や周囲の人に感謝することも大切だけど、自分の理想に近づくために努力するのは人間としてとても自然なこと。そういう女性を僕はすばらしいと思いますし、心から応援しています。

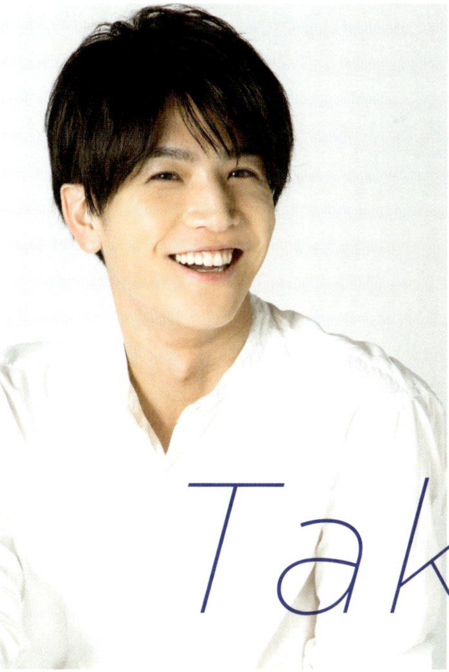

Takanori
Iwata

Interview 5

フォトグラファー

中村和孝さん

ミューズの魅力を最大限引き出すために

これまで、コーセーのイメージキャラクターを
数多く撮影されてきた中村さんに、
撮影の秘訣や現場の雰囲気をうかがいました。

Photographer: Kazuyuki Ebisawa

美しい人をさらに美しく

――これまで撮影されてきたポスターのなかで特に印象に残っている作品があれば教えてください。

安室奈美恵さんが起用されたエスプリークの口紅の広告です。安室さんがおとぎ話の世界に迷い込んだという設定で透明のりんごを持っているのですが、安室さんがきれいでかわいくて（編集部注：102ページ掲載）。あれが「大人かわいい」の走りだったのかなと思います。メイク室からヘアメイクの中野明海さんと楽しそうに話す声が聞こえてきたのも印象的でした。

――安室さんのほかに、新垣結衣さん、北川景子さんの広告も撮影されています。現場の雰囲気はいかがですか。

安室さんは一つ一つの動きが本当にかっこいい。スカートの裾を揺らす動作すらもドラマティックで、さすがアーティストだと感激しました。新垣さんは勘がいい人。こちらが求めるものをすぐに察して表現してくれます。北川さんはクールさとかわいらしさを兼ね備えた人。凛としているんだけど、笑うとぐっとかわいくなる。みなさん本当にすてきで撮影のしがいがありますし、現場の雰囲気もなごやかなので楽しくお仕事させてもらっています。

――ミューズの魅力を引き出すために心がけていることはありますか？

スキンケアやメイクアップの広告ですから、肌や髪、瞳などが生き生きと見えるように気をつけています。また、広告を見た方に親近感を覚えてもらえるよう被写体に近づいて撮ることが多いですね。でも何より重要なのは、その人の魅力をしっかりととらえること。美しさやかわいらしさって、結局は内面からにじみ出るものだと思うんです。美しい人はより美しく、かわいい人はさらにかわいらしく。私がミューズの魅力を引き出しているというよりは、彼女たちが見せてくれる魅力を私が必死に追いかけてカメラに収めているというのが実際のところなのですが、ご本人にも広告を見る方にも、喜んでいただけるような一枚を撮れたらと思っています。

「内面からにじみ出るミューズの魅力をカメラに収めたい」

Profile

1971年生まれ、愛媛県出身。東京工芸大学卒業後、単身ロンドンへ。帰国後、雑誌や写真集、広告等多方面で活躍。女優、タレント、モデルからの指名も多く、生田絵梨花写真集「インターミッション」、白石麻衣写真集「パスポート」、深田恭子写真集「palpito」（いずれも講談社）、前田敦子写真集「不器用」（小学館）、北川景子2nd写真集「30」（SDP）など、数多くの写真集の撮影を手がける。

Kazuta
Naka

Epilogue

このたび、KADOKAWAの編集の方からご提案をいただき、私たちコーセーの歴代の広告をまとめた本を出版することができました。

掲載を快諾していただきました、広告を飾られたミューズの皆さま、所属事務所の皆さま、フォトグラファー、ヘアメイク、スタイリストなど制作スタッフの皆さま、ご協力をいただいた関係者すべての方々に厚く御礼申し上げます。

たった一枚のポスターでも、それができるまでには、とても多くの時間と労力がかけられ、そこにはコーセーのスタッフはもとより、広告制作に関わったすべての方々の想いが込められています。

「商品のよさをわかりやすく伝えて、多くの人に体感してもらいたい」

「ポスターを見るすべての人に、明るく幸せな気持ちになってほしい」

そんな想いがここに集結しています。

こうしてできあがった一冊を改めて見ると、商品を売るための広告ではあるものの、イメージキャラクターやメイクのトレンド、クリエイティブのアプローチなど、その時代の気分が伝わってくるアーカイブとなりました。

それぞれのクリエイティブには、その時代折々の女性の生き方がエッセンスとして反映され、同時期の流行や世相も感じられるのではないでしょうか。

コーセーの広告は、常に新しい表現を追い求めながらも、一貫して、女性が美しくありたいと願う気持ちに寄り添うように制作してまいりました。

美しくありたいと願いながらスキンケアやメイクをする、その姿こそが尊く美しいと、私たちは考えているからです。

手が届かないほど遠い憧れではなく、少し手を伸ばせば届きそうな憧れを表現することで、「私もこんな風になりたい！」という気持ちを応援するような広告でありたいと思っています。

「きれいの、その先にあるもの。」

70周年の企業広告で掲げたこのコピーは、年代も悩みも異なるすべての女性に向けて、ひとりひとりのきれいを応援し続けるコーセーからのエールです。

コーセーの広告や商品、そして本書が「きれいになりたい」「美しく生きたい」と願う方々に、自信と勇気、そして希望を与え、世のなかを少しでも明るくすることができましたら、これほどうれしいことはありません。

コーセー 宣伝部 一同

«1950

1946 小林孝三郎が小林合名会社を創業 化粧品の製造販売を開始

1948 株式会社小林コーセーを設立

1951 販売部門としてコーセー商事株式会社を設立

感光色素を配合したクリーム「パーライトスキン」発売

1953 コーセー初のファンデーション「コローヌ」発売

1956 10周年の創業記念日に高級化粧品の製造会社、株式会社アルビオンを設立

1957 コーセー初の高級化粧品シリーズ「ラボンヌ」誕生

«1960

1962 日本人の肌に合う最良の高級品シリーズ「オーリック」誕生

1966 20周年記念高級化粧品シリーズ「アルファード」誕生

1968 香港での販売を開始し、初の海外本格進出を果たす

1970 最高級ブランド「コスメデコルテ」誕生

女性のライフスタイルに寄り添いながら、
数々のヒット商品を生み出してきたコーセー。
歴史ある商品と、ブランドの誕生を紹介します。

1984 パレットタイプの「BE」メイクアップシリーズ、男性用メイクアップシリーズ「ダモン ブロンザー」誕生

高効能シリーズとして「活肌精」「潤肌精」誕生

1985 和漢植物エキスを配合した「雪肌精」発売

«1990

1990 「コスメデコルテ AQ」発売

コウジ酸配合の美白クリーム「ホワイトニングクリームXX」発売

1991 株式会社コーセーに社名変更し、新しいロゴタイプなどを発表。「アンテリージェ」、「ドゥ・セーズ」発売

1992 「ルシェリ」誕生。CMが話題を呼び「ねェ、チューして」が流行語大賞銀賞を受賞

1994 メイクアップシリーズ「ヴィセ」誕生

1999 スキンケアブランド「ルティーナ」誕生

«2000

2001 ウォーターカプセル化技術が文部科学大臣奨励賞を受賞

2004 ライスパワー®No.11(米エキスNo.11)配合の保湿美容液「モイスチュア スキンリペア」発売

コーセー73年の歩み

«1970

1971
シンガポールに現地法人 KOSÉ SINGAPORE PTE.LTD. を設立

1972
コーセー初のメイクアップ専門ブランド「ノア」誕生

1974
業界初の水のいらない夏用ファンデーション「サマード」発売

1975
業界初の美容液「アルファード R・C リキッドプレシャス」発売

1976
業界初のパウダーファンデーション「フィットオン」発売

1978
業界初の全品を弱酸性にした「エスプリーク」誕生

1979
業界初の水乾両用ファンデーション「2ウェイケーキ」発売

«1980

1980
下地のいらないクイックタイプのファンデーション「クイックフィニッシュ」発売

1981
スポーツ専用ブランド「スポーツビューティ」誕生

1982
男性用化粧品「ダモンシリーズ」誕生

«2010

2005
ライセンス事業として、「ジルスチュアート」を日本の化粧品市場に導入

2009
雪肌精「SAVE the BLUE」プロジェクト開始
メイクブランド「アディクション」、自然派スキンケアブランド「ネイチャー アンド コー」誕生

2010
「コスメデコルテ AQ MW」発売

2011
メイクアップブランド新生「エスプリーク」誕生

2012
「アスタブラン」、「肌極～はだきわみ～」、「米肌」誕生

2014
「ネイルホリック」発売

2016
コーセー70周年

2017
「ONE BY KOSÉ 薬用保湿美容液」発売

2018
「コスメデコルテ」よりシワ改善美容液「iP. Shot アドバンスト」、「ONE BY KOSÉ」より薬用シワ改善クリーム「ザ リンクレス」発売

2019
「ONE BY KOSÉ」より薬用皮脂分泌抑制化粧水「バランシング チューナー」発売

Staff Credit（ポスター掲載順）

Photographer

- Kazunali Tajima(MILD): P10, 11, 12, 13, 14, 15, 16, 17, 18, 41, 42-43, 44-45, 118
- Kazutaka Nakamura: P26, 27, 28(上・下), 29, 30, 74-75(右), 97, 98, 99, 100, 101, 102, 103, 126-127(右・左), 135
- Akinori Ito: P31, 121(右・左), 125
- Satoshi Saikusa: P40, 55, 76-77(右・左), 78, 79
- Koichiro Doi: P46-47, 53
- Takashi Miezaki: P50
- Kei Ogata: P51
- Shoji Uchida: P52, 54, 56, 93, 94, 95, 96
- TAKAKI_KUMADA: P57, 120
- Bishin Jumonji: P66
- Naoki Tsuruta: P67
- Hidekazu Maiyama: P68, 69(上・下)
- Keita Haginiwa: P70-71(右・左), 72-73(右・中・左)
- Eiji Hikosaka: P74-75(左)
- Katsuji Takasaki: P83
- Itaru Hirama: P84-85, 87, 88(上・下), 89, 90, 91
- TISCH: P105, 106
- Marcelo Reiji Ando: P116
- Higashi Ishida: P117(右)
- Kazuyoshi Shimomura: P117(左)
- Shingo Wakagi: P119
- Fumio Doi: P128-129

Hairmake

- Akemi Nakano(air notes): P10, 12, 14, 15, 40(小泉今日子・桐谷美玲), 41(小泉今日子), 83, 89, 90, 91, 93, 94, 95, 96, 97, 98, 99, 100, 101, 102, 103, 105, 106, 126-127(右・左)
- Keiko Nakatani(AVGVST): P11, 50, 51, 52, 53, 116, 117(右・左)
- Keiko Chigira(cheek one) P13, 16, 17, 79, 121(左)
- Takuma Itakura(nude.): P18, 40(北川景子), 41(北川景子), 44-45, 46-47, 54, 55, 56, 57, 128-129
- hiro TSUKUI: P26(hair)
- Sadae Sasaki: P26(make), 42-43(make)
- Shinji Konishi(band / komazawa bisyo): P27, 28(上・下), 29, 30, 31, 121(右)
- Takako Imai: P41(桐谷美玲), 119
- hanjee(SIGNO): P42-43(hair), 125(hair)
- Sablo Watanabe(SASHU): P66, 67
- Ryoji Inagaki: P68, 69(上・下)
- Keizo Kuroda(Three PEACE): P70-71(右・左), 72-73(右・中・左)
- KUBOKI(Three PEACE): P74-75(右・左), 118
- UDA(mekashi project): P76-77(make／右・左)
- KANADA: P76-77(hair／右)
- KENICHI for sense of humour(eight peace): P76-77(hair／左), 78(hair)
- Tomoko Okada(TRON): P78(make)
- Katsuma Yokoyama: P84-85, 87, 88(上・下)
- Ken Nakano: P120
- Koji Ichikawa: P120
- Miwako Mizuno: P125(make)
- Shinya Shimokawa: P135

Stylist

- Ako Tanaka: P10, 11, 12, 13, 14, 15, 16, 17, 18, 76-77(右・左), 78, 79
- Fusae Hamada: P26, 27, 28(上・下), 29, 30, 31
- Chikako Aoki: P40(小泉今日子・桐谷美玲), 41(小泉今日子・桐谷美玲), 126-127(右・左)
- Kayo Hosomi: P40(北川景子), 41(北川景子), 54, 55, 56
- Tsugumi Watari: P42-43, 125
- Kyoko Fujii: P44-45, 128-129
- Keiko Sasaki: P46-47, 50, 52, 53, 74-75(左)
- Koji Yukisada: P51
- Ikuko Utsunomiya: P57
- Hiroko Sogawa: P66, 67
- Hiroko Umeyama(KiKi inc.): P68, 69(上・下)
- Cozy Matsumoto: P70-71(右・左), 72-73(右・中・左)
- Yumie Kazama: P74-75(右)
- Kyoko Tsunoda: P83, 84-85, 87, 88(上・下), 89, 90, 91
- Shinichi Miter(KiKi inc.): P93, 94, 95, 96, 97, 98, 99, 100, 101
- Akira Noda(Workaholik): P102, 103, 105, 106
- Katsuhiro Yokota(YKP): P116
- Masae Hirasawa: P117(右・左), 119
- Yumiko Abe: P118
- VALET(SLITS): P120
- NIMU: P121(右)
- Chiharu Dodo: P121(左)
- Yasuhiro Watanabe(W): P135

KOSÉ Beauty Book
いつの時代《じだい》も、あなたらしい美《うつく》しさを求《もと》めて

2019年4月18日　初版発行

編：KADOKAWA
監修：コーセー宣伝部《せんでんぶ》
発行者／川金　正法
発行／株式会社KADOKAWA
〒102-8177　東京都千代田区富士見2-13-3
電話　0570-002-301（ナビダイヤル）
印刷所／凸版印刷株式会社

KADOKAWAカスタマーサポート
［電話］0570-002-301（土日祝日を除く11時～13時，14時～17時）
［WEB］https://www.kadokawa.co.jp/（「お問い合わせ」へお進みください）
※製造不良品につきましては上記窓口にて承ります。
※記述・収録内容を超えるご質問にはお答えできない場合があります。
※サポートは日本国内に限らせていただきます。

定価はカバーに表示してあります。

ISBN 978-4-04-065443-0 C0076

※掲載しているデータは発売当時のものです。
※掲載した商品は販売が終了しているものもあります。